正在营巢的蜈蚣母体。
（张崇洲提供）

蜈蚣母体临产前的静止状态。（张崇洲提供）

蜈蚣母体正在人工巢内产卵。

抱卵孵化的蜈蚣母体。(张崇洲提供)

脱出卵壳的许多蜈蚣幼虫仍在母体拥抱中。

聚团蜈蚣幼虫群体。

蜈蚣幼虫开始离开母体。

经过若干次蜕皮的蜈蚣幼虫。

抱卵孵化的蜈蚣母体受干扰后食卵。(张崇洲提供)

蜈蚣母体吃卵使卵团粒数减少。(张崇洲提供)

蜈蚣养殖技术

张崇洲　曹　云
王利忠　黄祝坚　编著

马书明　绘图

金盾出版社

内 容 提 要

本书由中国科学院动物研究所研究员张崇洲等编著。内容包括：蜈蚣概说，蜈蚣药用历史简况，蜈蚣的外部形态和内部组织结构，药用蜈蚣的主要种类，蜈蚣的生活习性、个体发育与生殖行为，药用蜈蚣的人工养殖和天敌预防与疾病防治等。内容翔实，文字通俗，技术实用，适合蜈蚣养殖专业户、动物养殖场以及有关科技人员阅读参考。

图书在版编目(CIP)数据

蜈蚣养殖技术/张崇洲等编著.—北京：金盾出版社，2000.6
ISBN 978-7-5082-1198-5

Ⅰ.蜈… Ⅱ.张… Ⅲ.蜈蚣-饲养管理 Ⅳ.S899.9

中国版本图书馆 CIP 数据核字(2000)第 18734 号

金盾出版社出版、总发行

北京太平路 5 号(地铁万寿路站往南)
邮政编码：100036 电话：68214039 83219215
传真：68276683 网址：www.jdcbs.cn
彩色印刷：北京精美彩印有限公司
黑白印刷：北京金盾印刷厂
装订：永胜装订厂
各地新华书店经销

开本：787×1092 1/32 印张：3.375 彩页：4 字数：70 千字
2011 年 12 月第 1 版第 12 次印刷
印数：86 001～101 000 册 定价：8.00 元

前　言

药用蜈蚣饲养和繁殖有着悠久的历史。虽然养殖的具体目的不尽相同，但都是为了不断地提高人们的生活水准，改善生活质量。药用蜈蚣由于自然资源的过度开发和医疗保健需求量的日趋增多，因而普遍受到人们的重视。

蜈蚣含有疗效良好的活性肽类，对其深入开发和利用，是药物化学在我国中医中药中的深化与发展。中医中药事业的发展，为药用蜈蚣养殖业提供了广阔的发展前景。因此，必须结合养殖实践，不断总结经验，解决实际问题，适度发展规模化养殖，加强科学研究与科学管理，提高药用蜈蚣的养殖质量，增加经济效益，更好地满足医疗和保健的需要，更好地为人类的健康服务。

药用蜈蚣的养殖，属于动物学的范畴，内容丰富，技术性强，而且在不断发展。本书是在总结了以前养殖经验的基础上，根据养殖技术的发展，为满足药用蜈蚣养殖者的技术操作需要而编写的。

养殖技术是以科学技术为基础的。本书的内容，还需在生产实践中不断充实、完善和提高。因此，恳请读者不吝赐教，使这本书更加丰富和完善，更能满足养殖实践的需要。

张崇洲

2000 年 2 月

目　录

一、蜈蚣概说

（一）蜈蚣在动物界中的地位

在大自然的动物界，存在着纷繁复杂的动物类群。就某一动物类群而言，不论其类群的种类有多少，在动物分类系统中都占有一个相应的地位——分类阶元(category)。在系统分类（systematization）中把阶元分成界（kingdom）、门(phylum)、纲(class)、目(order)、科(family)、属(genus)和种(species)七个等级。动物的分类系统是以形态学为基础发展起来的。认识药用蜈蚣的简便方法，首先要知道它们在动物系统中占有的地位。

蜈蚣(centipedes)是唇足类(Chilopoda)的通称，广义的蜈蚣名称与唇足类是同义词。唇足类在当代分类系统中的地位如下：

动物界(Animal Kingdom)

节肢动物门(Phylum Arthropoda)

后性总纲(Superclass Opisthogoneata)

唇足纲(Class Chilopoda)

应该予以说明的是，节肢动物是动物界最复杂的门类，已知的种就有100多万，而且大多数种的个体数量也很多。它们广泛地分布在海洋(如甲壳类)和陆地(如昆虫)，不但见于高山和深渊，而且分布在土层(如多足动物)和空中。节肢动物如以虾、蟹为代表的甲壳类为水生的节肢动物，尤其在海洋中最多，它们以鳃呼吸。又如，以蜘蛛、蝎子为代表的蛛形类，为陆生的节肢动物，具有 4 对有关节的步足，用书肺进行呼吸。昆虫和唇足类也是陆生节肢动物，尤其是 6 对步足的昆虫种类繁多，大多具有双翅，也有不少进入水中。唇足类是多足动物的一个重要分支，只生活在陆地潮湿的环境里。它和甲壳类、蛛形类、昆虫等都属于同一分类水平的纲级阶元。

唇足纲包括两个亚纲和 4 个目：

1. 整形亚纲(Subclass Epimorpha)

它是指刚孵出的幼体具有与成体同样数目的体节和步足，至少有 21 对以上步足的节肢动物。它包括两个目：

(1) 地蜈蚣目(Order Geophilomorpha) 具有步足的体节 31～177 个，几乎每一体节的两侧都有 1 对简单的气门。其触角由 14 节组成，如方头地蜈蚣。

(2) 蜈蚣目(Order Scolopendromorpha) 具有步足的体节 21 个或 23 个，在身体两侧仅有 9～11 对气门。其气门构造较复杂。仅触角就有 11～30 节以上，如蜈蚣科，蜈蚣属。

2. 改形亚纲(Subclass Anamorpha)

它是指刚孵出的幼体具有比成体较少的体节和步足，成体步足有 15 对的节肢动物。

(1) 石蜈蚣目(Order Lithobiomorpha) 背板有大有小，相互间插排列。较大的背板叫大背板，较小的背板叫小背板。气门位于体侧，有 6 对或 7 对。

(2) 蚰蜒目(Order Scutigeromorpha) 背面有 8 个大背板，而小背板很不明显。气门位于大背板后侧中央，但不成对，共有 7 个。此目的唇足类，北方称做“钱串”，南方俗称“毛蜈蚣”。

也有根据上述 4 个目的气门位置的不同，把唇足纲分成：

① 侧气门类(Pleurostigmorpha):气门位于身体两侧,包括地蜈蚣目、蜈蚣目和石蜈蚣目。

② 背气门类(Notostigmorpha):气门位于身体背面,仅有一个蚰蜒目。

一般说来,蜈蚣目有很多种类,是唇足纲中个体最大的一个目。世界上个体最大的蜈蚣种类属于蜈蚣科的蜈蚣属。它产于南美洲的热带区,叫做巨型蜈蚣,它的体长达27厘米。在我国湖北省宜昌市发现一条很大的蜈蚣,体长24厘米,是一条多棘蜈蚣,也是迄今我们发现的最大的一条药用蜈蚣。

蜈蚣属,在全世界共有65种和13个亚种,分布在全球热带区,尤其是以东南亚地区的种类为最多。从我国自然地理区划来看,蜈蚣属的种类被局限于华南区、华中区和川滇区的南部,而华中区的北半部只发现有少棘蜈蚣的分布。

影响蜈蚣属种类分布的主要因素,有气候、地形、植被和土层等,而纬度则是蜈蚣属分布的明显区划线。在跨越北纬30°的我国地区,如华北地区的南部,从无蜈蚣属之种类的报道,我们在这个地区迄今还未发现蜈蚣属的任何种类。

(二)蜈蚣的适宜温、湿度环境

1. 蜈蚣的适宜温度环境

蜈蚣主要生活在多石少土的低山地带,平原地区虽有分布,但数量较少。每当惊蛰一过,气温转暖,蜈蚣的冬眠开始苏醒,出土活动,一般它很喜欢栖居于阴暗潮湿的杂草丛中或乱石沟里。从芒种到夏至,随着气温逐步升高,蜈蚣就逐渐转移到阴凉的地方避过炎热的白昼。那时的蜈蚣常躲伏在废弃的沟壕、荒芜的坟包或田坎、路旁的缝隙中。到了晚秋季节,则蜈蚣多栖居于背风向阳的松土斜坡下或树缘与树根附近比较温暖的地方。总之，蜈蚣性畏日光，昼伏夜出，它要求和喜欢的环境是阴暗、潮湿、温暖、避雨和空气流通的地方。

蜈蚣一般在夜间出来活动，大多互不合群。触角相撞即回避，就绕道而行。蜈蚣虽有 8 只单眼，但视力退化，尤其在白昼视力更差，白天时两条蜈蚣相向而爬行，却互相不能发现对方而回避，直到灵敏的触角相撞时才避开。当然，蜈蚣夜间的视力比白昼好。在晴朗无风的晚上，在 20～23 时是蜈蚣活动捕食的高峰时间。蜈蚣的一般特点是：白天活动少，夜间活跃；天气炎热、温度高于 25℃以上时活动量大；20℃左右时活动一般，10～15℃时活动量也大；10℃以下时活动量更少，甚至不活动。天气闷热、白天雷阵雨后的夜晚活动量大；晴天夜晚活动一般，天冷、气温低时活动量少；无风、微风情况下活动正常；风力在 6 级以上时活动量少；下雨时活动少，下雨过后则常出来活动。所以，蜈蚣活动频率与气温、气压、相对湿度、降雨量和光照时间等气象因子都有一定的关系。

蜈蚣的钻缝能力极强，它往往以灵敏的触角和扁平的头板对缝穴进行试探，所以它对岩石、土块的缝隙大多能通过或栖息。密度过大或惊扰过后时要引起互相厮杀而致死亡。但人工饲养的蜈蚣随着环境和饵料条件的改变，如能提供足够的新鲜食物和水源，在不经常惊扰的情况下，即使密度较大也可以合群相安，尤其是同一母体所产卵团孵化的蜈蚣，因为它们从幼虫起就一直相处在一起，所以在长成成虫后仍然几十条地蜷伏在一堆，相安无事地共居。

2. 蜈蚣的适宜湿度环境

蜈蚣在一定温度下，它的体内水分的散失与空气的湿度呈负相关的关系，即空气相对湿度越大，体内水分的散失速度相对地减少。这正为蜈蚣的地表活动创造了有利条件。

半夏、白芷各 25 克，通为末，入麝少许。每服 5 克，热酒调
日一服。（《世医通变要法》）

方剂之二　常用蜈蚣 3 克研细末，再以防风、僵蚕各 1
汤，分两次送服蜈蚣粉，一般四五天即可见效。

（3）治中风口眼歪斜

蜈蚣 1 条，焙干研末，猪胆汁调敷患处。（《吉林中草药》

（4）治　惊

蜈蚣、全蝎各等份，研细末，每次 1.5～2.5 克，日服 2 次
林中草药》）

（5）治小儿急惊

蜈蚣 1 条（全者、去足、炙为末），丹砂、轻粉等份，研匀，乳
丸，绿豆大，小儿每岁 1 丸，乳汁下。或配麝香共研末吹
治小儿天吊惊风。（《圣惠方》万金散）

（6）治破伤风

蜈蚣头、乌头尖、附子底、蝎梢各等份，为细末。每次用
半匙，热酒调下。如牙关紧闭，用此药，斡开灌之。（《儒门
》蜈蚣散）

（7）治破伤风邪在表、寒热拘急、口噤咬牙

蜈蚣 2 条，江鳔 15 克，南星、防风各 12.5 克，共研细末
10 克，黄酒调服，一日二服。（《医宗金鉴》蜈蚣星风

（8）治瘰疬溃疮

茶叶、蜈蚣，二味炙至香熟，捣筛为末，先以甘草汤洗净
。（《神枕方》）

（9）治丹毒瘤

蜈蚣 1 条（干品），白矾 1 块（皂子大），雷丸 1 个，百步 1
同为末，醋调敷之。（《本草衍义》）

蜈蚣体内水分的散失可能通过两条途径。一是气门，这是无疑的；另一途径可能是通过表皮，通过蒸发散失的水分与空气的相对湿度无直接关系。同时，蜈蚣的体温不超过临界温度时，它的皮肤是不渗水的。因此，我们可以认为，在正常情况下，蜈蚣的水分散失，可能只有通过气门一个途径。

蜈蚣属于蜈蚣科的蜈蚣亚科，它的气门有前庭和内盏之分，在两者之间并有裂成 3 片的扉瓣。一般地说，其构造比石蜈蚣科的石蜈蚣属复杂，它却能较有效地阻止水分的散失。但它比昆虫的气门要原始得多，因而它不能十分有效地控制体内水分的散失。好在蜈蚣还有一种防止水分过快散失的方式：潜伏在地下与石块下的深洞中或较深的缝隙间。蜈蚣只有在温度适宜、空气湿度也适宜的时候，作为一个群体或在夜间移动到地面上来捕食，或在白天潜伏在地面的石块下、乱石堆中或树根间栖息，但又不潜入到深处。

作为药用蜈蚣的主要品种之一的少棘蜈蚣，多分布在长江中下游地区，当地的月平均气温一般都在 0℃以上。所以，蜈蚣越冬也较迟，通常在 11 月底才进入冬眠。处于冬眠期的蜈蚣不再活动，也不进食，躯体摆成“S”形或“L”形，触角由外向内蜷曲，尾足并拢。在冬季，倘若把蜈蚣挖掘出来，它也不能马上活动。经太阳晒暖后，它才能苏醒过来，但其行动仍呆滞而缓慢。蜈蚣越冬潜伏的深度与气温、土温的高低有着直接的关系。天气越冷，钻入土层越深，一般钻入土层深度在 15～40 厘米处，最多不超过 100 厘米。若土温升高，蜈蚣不仅可以推迟冬眠，而且只需在土层浅处或土层表面上冬眠。

（三）蜈蚣的食性

蜈蚣是典型的肉食性动物，性凶，食物广泛，选择性大，喜

食各种昆虫之类的小动物，有时凭着它能射出毒液的颚爪也能杀害比自己大得多的小动物。蜈蚣在觅食时，总以灵敏的触角伸向前方作鞭状摆动。若将一只甲壳虫放在蜈蚣身旁，当蜈蚣触角一碰到甲壳虫时，它就迅猛地向前扑去，并以颚爪与步足钳住，向甲壳虫的颈部、腹部乱咬，它的“啐啐啐”地咬动甲壳表皮的声响，在1米以外的地方也能清晰地听到。甲壳虫虽几经反抗，但终不能逃脱蜈蚣的魔爪，即刻被麻痹。随后，蜈蚣就从它咬破的地方食其内脏软组织及汁液，约一刻钟时间，甲壳虫就被它吃食一空，只剩下一具躯壳了。蜈蚣自相残杀也是互相中毒而死。据观察，蜈蚣所咬部位一般多在头颈下的第三至第十节处，个别的竟咬到第十五节，看来蜈蚣之所以咬上述部位主要是为咬破腹腔，便于吸食其内脏组织。

蜈蚣食源广泛，主要有以下几类食物：各种昆虫，如蟋蟀、蝗虫、烟虫、金龟子、稻苞虫、牛角虫、蝉、蚱蜢、黄粉虫、蜻蜓、蜘蛛、各种蝇类，以及这些昆虫的卵或蛹；同时也吃蠕虫、蚯蚓、蜗牛、蛞蝓及蝙蝠、麻雀、鼠类、壁虎、蜥蜴、蛇、蛙等脊椎动物；此外，蜈蚣还吃鸡血、杂骨；蜈蚣在初春食物不够充足时，也吃少量青草或苔藓的嫩芽、根尖；有时也吃西瓜、黄瓜之类蔬菜；蜈蚣还吃蛋类、牛奶、面包等熟食制品。人工饲养蜈蚣的主食，是黄粉虫、泥鳅、蛙类、黄鳝及小蟹、小虾、小鱼等。

蜈蚣虽食物广杂，但它要求食物新鲜，若腐臭或不新鲜的食物就不吃。为此，人工饲养的蜈蚣每隔2～3天喂食1次，同时拣去剩余食物，添加新鲜食物。蜈蚣饥饿时一次的进食量，可达自己体重的1/5，最多的可达自身体重的3/5以上。然而10天、半个月不给食物，蜈蚣也不会饿死。蜈蚣所吃剩的食物残余，多是壳、皮、翅、毛或昆虫的头、胸、附肢等几丁质外壳与膜翅。此外，蜈蚣有饮水习惯，饲养蜈蚣的地方需放上盛水器皿。

二、蜈蚣的药用价值与药用

（一）蜈蚣的主要药用价

1. 蜈蚣的药性与药效

蜈蚣性湿，味辛而咸，有毒，入肝经。成
刺鼻的臭气。其功能祛风（熄风）、镇痉（定惊
毒）、散结、消肿。

蜈蚣主治疮疡肿毒、恶血积聚、小儿惊风
歪斜、面神经麻痹、口噤、瘰疬、痔漏、痔疮、风
疗癞皮病、破伤风、百日咳、关节炎、慢性溃疡
性乳腺炎、骨结核、慢性骨髓炎等，并可解虫毒
堕胎。随着医疗卫生科学事业的不断发展，蜈
应用于肿瘤癌症方面的治疗。各地医疗和临
明，蜈蚣的药用价值越来越高，越来越广泛，也
外人们的重视与关注。在众多中医学著作中
病的记载。

2. 蜈蚣药用的部分选方

蜈蚣药用的部分选方如下：

（1）治中风抽掣及破伤后受风抽掣

生箭芪30克、当归20克、羌活10克、全
大者2条，煎汤服。（《医学衷中参西录》逐风汤

（2）治口眼歪斜、口内麻木

方剂之一 蜈蚣3条（一蜜炙，一酒浸，一
足），天南星1个，切成4片（一蜜炙，一酒浸，

（10）治蛇头疔初起，红肿发热，疼痛彻心者

大蜈蚣1条，全蝎7个，雄黄15克，共为末，用鸡蛋清调敷患处，外以猪胆皮套上。（《疡医大全》蜈蚣散）

（11）治蛇头疔

蜈蚣1条，雄黄10克，共研细末，用鸡蛋清调敷。（《吉林中草药》）

（12）治便毒初起

蜈蚣1条，瓦焙存性，为末，酒调服，出汗即散。（《济生秘览》）

（13）治耳出脓

以蜈蚣末吹之。（《鲍氏小儿方》）

（14）治痔疮疼痛

方剂之一 赤足蜈蚣，焙后为末，入片脑少许，调敷。（《仁斋直指方》）

方剂之二 蜈蚣三四条，香油煮沸，浸之，再入五倍子末10～15克，瓶收密封。如遇痛不可忍，可点上这种香油止痛。（《孙天仁集效方》）

（15）治蛇咬伤

白芷50克（取白色者），雄黄25克，蜈蚣3条，樟脑15克，各为极细末，以香油调匀搽肿处，随干随搽。（《洞天奥旨》蜈蚣散）

（16）治下肢慢性溃疡

患部用紫金牛煎液清洗后，撒上蜈蚣末适量，用药膏覆盖，日换1次，10天为一个疗程。（江西《草药手册》）

(二) 蜈蚣药用的历史简况

1. 蜈蚣名称的由来

在我国的古籍中,有关蜈蚣的记载并不少见。早在周代已开始编著的《尔雅》里,就有"蒺藜"、"蝍蛆"的记载。这是最早的关于蜈蚣的同物异名的文字记载。至周代的春秋中叶,在《庄子》里又有"蝍蛆"、"甘带"的记载。这也是关于蜈蚣的同物异名的记载。

蜈蚣,这个迄今通用的动物名称,最早出现在北魏的《广雅》里,该书指出:"蝍蛆吴公也"。后来"吴公"的字形为表明其属于虫类的缘故,便加上"虫"字的偏旁。

"吴公"名称的由来,可以引用《名医别录》中关于"蜈蚣生大吴川谷及江南"的记载作为依据,推测它是由于蜈蚣产于大吴川谷而得名的。"大吴"可能是当时的大城(今日苏州)与吴郡的简称。

《埤雅广要》里有蜈蚣"今俗谓之百足"的记载。"百足"作为药用蜈蚣的别名,经常用于今日的中药汤剂中。起源于拉丁文的 centipede(蜈蚣),是由 centum(一百个)与 ped(足)组成的;如按字义应译成"百足";这恰恰与中药方剂中的"百足"巧合。但拉丁文的百足是泛指地蜈蚣、蜈蚣、石蜈蚣和蚰蜒(即钱串)4 大类群的统称,而药用的"百足",只是特指已入中药方剂的蜈蚣属(Scolopendra)的若干大型种类。

2. 蜈蚣入药的传说

(1) 蜈蚣制蛇的传说

早在公元前 120 年前后的西汉,由淮南王刘安署名的著作《淮南子·太平御览》里有一段神话:

月亮普照大地,蟾蜍却能吃月亮;蛇虽然能在雾里飞行,然而蜈蚣却能使蛇致死。“月照天下，蚀于蟾蜍；螣蛇游雾而殆于蝍蛆”。

可是，作者查阅《淮南子》原作，尚未找到上述的原话，或是《太平御览》编者以“化裁”的做法写成这句话的。

公元4世纪初晋代的葛洪，在他的炼丹术著作——《抱朴子》里记述了蜈蚣与蛇的故事：

“南人入山皆以竹管盛活蜈蚣知有蛇之地，便动作于管中；如此则详视草中必见蛇也。大蛇丈余，身出一围者，蜈蚣见之而能以气禁之，蛇即死矣。”

以上两则记载，富有浓厚的传奇色彩，虽不能作为验证，但也可能在一定程度上反映了蜈蚣制蛇的一些真实性。国外也有蜈蚣吃蛇的记载。例如沃基登(1903)和康明(1903)都有过蜈蚣吃蛇以及小鸟的报道。

不可忽略的事实是，蜈蚣确为肉食类动物，假如它偶然与蛇遭遇，蜈蚣是要用它的强大毒颚攻击蛇与其他较大的脊椎动物的。但是，在我国古籍中的记述，无疑是加上了种种传奇的色彩。

(2)“三物相值”的传说

即蜈蚣、蛇和蟾蜍相聚在一起而相互制约的传说，迄今仍在一些地方流行。早在北宋，宋佃编著的《埤雅广要》(1125)里就谈到这个故事：

“旧说蟾蜍食蝍蛆；蝍蛆食蛇；蛇食蟾蜍。三物相值，莫敢先动。”

“三物相值，莫敢先动”的传说，流传于民间成为“三怕”的故事。上述这种传说，早在1125年以前就已经产生和流行了。1981年，在浙江拍摄科教片《金头蜈蚣》的时候，曾把蜈蚣、蛇、蟾蜍放在一起，却没有发现它们之间“莫敢先动”的敌对状态，反而友好地相处在一个镜头的视野里。虽然如此，我们现在都知道蜈蚣、蛇和蟾蜍都是药用动物，它们各自在祖国的医药学中占有显著的地位。对于蛇毒和蟾蜍皮肤腺的分泌物——蟾酥，正在深入进行生化分析和临床应用的研究。

蜈蚣作为一味医治蛇伤的药物的记载，早在东晋葛洪所著的《肘后备急方》里，就有用“烧蜈蚣末以敷疮上”的方法以医治蛇伤的论述。用这个方法是否有效，尚待于认真研究。不过，蜈蚣是医治被毒蛇咬伤的一味中药，这是勿庸置疑的。

3. 药用蜈蚣的传统产地

《神农本草经》是最早的中国药典，共包括 365 味动、植物中药。蜈蚣药是其中之一。可见蜈蚣药的应用在我国已有悠久的历史。后来南梁时代的陶弘景对《神农本草经》作过整理和增广，并把药用蜈蚣的产地和性状作了较精确的记载：“蜈蚣生大吴川谷及江南，头足赤者良。”“今赤足者多出京口长山、高丽山、茅山，于腐烂积草处。”

前面已说过，“大吴”产地是蜈蚣名称的由来，这里不再重述。陶弘景所说的“大吴”可能是指宋、齐、梁三个南朝相继沿袭的吴郡行政区划。所谓“江南”可能指的是长江口南岸的广大地区。

李时珍曾经赞赏《蜀本草》是一部精辟的著作，并在他的《本草纲目》中引用了其中一段很有价值的话：“蜀图曰：（蜈蚣）生山南川谷及出襄、邓、随、唐等州土石间。”

上述的“山南”系沿袭唐代建制的“山南道”地区，包括今日湖北省境内长江以北、汉水以西，陕西省境内的终南山以南，河南省境内的北岭以南以及四川省境内的剑阁以南，其中的襄、邓、唐、随等州，迄今仍是药用蜈蚣的传统产地。尤其是湖北省的丘陵山地，确实杂有土壤和风化碎石造成适宜于蜈蜈蚣体内水分的散失可能通过两条途径。一是气门，这是无疑的；另一途径可能是通过表皮，通过蒸发散失的水分与空气的相对湿度无直接关系。同时，蜈蚣的体温不超过临界温度时，它的皮肤是不渗水的。因此，我们可以认为，在正常情况下，蜈蚣的水分散失，可能只有通过气门一个途径。

蜈蚣属于蜈蚣科的蜈蚣亚科，它的气门有前庭和内盏之分，在两者之间并有裂成3片的扉瓣。一般地说，其构造比石蜈蚣科的石蜈蚣属复杂，它却能较有效地阻止水分的散失。但它比昆虫的气门要原始得多，因而它不能十分有效地控制体内水分的散失。好在蜈蚣还有一种防止水分过快散失的方式：潜伏在地下与石块下的深洞中或较深的缝隙间。蜈蚣只有在温度适宜、空气湿度也适宜的时候，作为一个群体或在夜间移动到地面上来捕食，或在白天潜伏在地面的石块下、乱石堆中或树根间栖息，但又不潜入到深处。

作为药用蜈蚣的主要品种之一的少棘蜈蚣，多分布在长江中下游地区，当地的月平均气温一般都在0℃以上。所以，蜈蚣越冬也较迟，通常在11月底才进入冬眠。处于冬眠期的蜈蚣不再活动，也不进食，躯体摆成“S”形或“L”形，触角由外向内蜷曲，尾足并拢。在冬季，倘若把蜈蚣挖掘出来，它也不能马上活动。经太阳晒暖后，它才能苏醒过来，但其行动仍呆滞而缓慢。蜈蚣越冬潜伏的深度与气温、土温的高低有着直接的关系。天气越冷，钻入土层越深，一般钻入土层深度在15～40厘米处，最多不超过100厘米。若土温升高，蜈蚣不仅可以推迟冬眠，而且只需在土层浅处或土层表面上冬眠。

（三）蜈蚣的食性

蜈蚣是典型的肉食性动物，性凶，食物广泛，选择性大，喜食各种昆虫之类的小动物，有时凭着它能射出毒液的颚爪也能杀害比自己大得多的小动物。蜈蚣在觅食时，总以灵敏的触角伸向前方作鞭状摆动。若将一只甲壳虫放在蜈蚣身旁，当蜈蚣触角一碰到甲壳虫时，它就迅猛地向前扑去，并以颚爪与步足钳住，向甲壳虫的颈部、腹部乱咬，它的"啐啐啐"地咬动甲壳表皮的声响，在1米以外的地方也能清晰地听到。甲壳虫虽几经反抗，但终不能逃脱蜈蚣的魔爪，即刻被麻痹。随后，蜈蚣就从它咬破的地方食其内脏软组织及汁液，约一刻钟时间，甲壳虫就被它吃食一空，只剩下一具躯壳了。蜈蚣自相残杀也是互相中毒而死。据观察，蜈蚣所咬部位一般多在头颈下的第三至第十节处，个别的竟咬到第十五节，看来蜈蚣之所以咬上述部位主要是为咬破腹腔，便于吸食其内脏组织。

蜈蚣食源广泛，主要有以下几类食物：各种昆虫，如蟋蟀、蝗虫、烟虫、金龟子、稻苞虫、牛角虫、蝉、蚱蜢、黄粉虫、蜻蜓、蜘蛛、各种蝇类，以及这些昆虫的卵或蛹；同时也吃蠕虫、蚯蚓、蜗牛、蛞蝓及蝙蝠、麻雀、鼠类、壁虎、蜥蜴、蛇、蛙等脊椎动物；此外，蜈蚣还吃鸡血、杂骨；蜈蚣在初春食物不够充足时，也吃少量青草或苔藓的嫩芽、根尖；有时也吃西瓜、黄瓜之类蔬菜；蜈蚣还吃蛋类、牛奶、面包等熟食制品。人工饲养蜈蚣的主食，是黄粉虫、泥鳅、蛙类、黄鳝及小蟹、小虾、小鱼等。

蜈蚣虽食物广杂，但它要求食物新鲜，若腐臭或不新鲜的食物就不吃。为此，人工饲养的蜈蚣每隔2～3天喂食1次，同时拣去剩余食物，添加新鲜食物。蜈蚣饥饿时一次的进食量，可达自己体重的1/5，最多的可达自身体重的3/5以上。然而10天、半个月不给食物，蜈蚣也不会饿死。蜈蚣所吃剩的食物残余，多是壳、皮、翅、毛或昆虫的头、胸、附肢等几丁质外壳与膜翅。此外，蜈蚣有饮水习惯，饲养蜈蚣的地方需放上盛水器皿。

二、蜈蚣的药用价值与药用历史简况

（一）蜈蚣的主要药用价值

1. 蜈蚣的药性与药效

蜈蚣性湿，味辛而咸，有毒，入肝经。成品微腥，并有特别刺鼻的臭气。其功能祛风（熄风）、镇痉（定惊）、杀虫、解毒（攻毒）、散结、消肿。

蜈蚣主治疮疡肿毒、恶血积聚、小儿惊风、角弓反张、口眼歪斜、面神经麻痹、口噤、瘰疬、痔漏、痔疮、风癣、白秃，还可治疗癞皮病、破伤风、百日咳、关节炎、慢性溃疡、多发性疖肿、急性乳腺炎、骨结核、慢性骨髓炎等，并可解虫毒、蛇毒，治烫伤、堕胎。随着医疗卫生科学事业的不断发展，蜈蚣正被实验研究应用于肿瘤癌症方面的治疗。各地医疗和临床应用的实践证明，蜈蚣的药用价值越来越高，越来越广泛，也愈益引起国内外人们的重视与关注。在众多中医学著作中均有蜈蚣入药治病的记载。

2. 蜈蚣药用的部分选方

蜈蚣药用的部分选方如下：

（1）治中风抽掣及破伤后受风抽掣

生箭芪 30 克、当归 20 克、羌活 10 克、全蝎 10 克、全蜈蚣大者 2 条，煎汤服。（《医学衷中参西录》逐风汤）

（2）治口眼歪斜、口内麻木

方剂之一　蜈蚣 3 条（一蜜炙，一酒浸，一纸裹煨并去头足），天南星 1 个，切成 4 片（一蜜炙，一酒浸，一纸裹煨，一生

用)，半夏、白芷各 25 克，通为末，入麝少许。每服 5 克，热酒调下，每日一服。(《世医通变要法》)

方剂之二 常用蜈蚣 3 克研细末，再以防风、僵蚕各 15 克煎汤，分两次送服蜈蚣粉，一般四五天即可见效。

(3) 治中风口眼歪斜

蜈蚣 1 条，焙干研末，猪胆汁调敷患处。(《吉林中草药》)

(4) 治 惊

蜈蚣、全蝎各等份，研细末，每次 1.5～2.5 克，日服 2 次。(《吉林中草药》)

(5) 治小儿急惊

蜈蚣 1 条(全者、去足、炙为末)，丹砂、轻粉等份，研匀，乳汁和丸，绿豆大，小儿每岁 1 丸，乳汁下。或配麝香共研末吹鼻，治小儿天吊惊风。(《圣惠方》万金散)

(6) 治破伤风

蜈蚣头、乌头尖、附子底、蝎梢各等份，为细末。每次用 1 匙或半匙，热酒调下。如牙关紧闭，用此药，斡开灌之。(《儒门事亲》蜈蚣散)

(7) 治破伤风邪在表、寒热拘急、口噤咬牙

蜈蚣 2 条，江鳔 15 克，南星、防风各 12.5 克，共研细末。每用 10 克，黄酒调服，一日二服。(《医宗金鉴》蜈蚣星风散)

(8) 治瘰疬溃疮

茶叶、蜈蚣，二味炙至香熟，捣筛为末，先以甘草汤洗净，敷之。(《神枕方》)

(9) 治丹毒瘤

蜈蚣 1 条(干品)，白矾 1 块(皂子大)，雷丸 1 个，百步 10 克，同为末，醋调敷之。(《本草衍义》)

（10）治蛇头疔初起，红肿发热，疼痛彻心者

大蜈蚣1条，全蝎7个，雄黄15克，共为末，用鸡蛋清调敷患处，外以猪胆皮套上。（《疡医大全》蜈蚣散）

（11）治蛇头疔

蜈蚣1条，雄黄10克，共研细末，用鸡蛋清调敷。（《吉林中草药》）

（12）治便毒初起

蜈蚣1条，瓦焙存性，为末，酒调服，出汗即散。（《济生秘览》）

（13）治耳出脓

以蜈蚣末吹之。（《鲍氏小儿方》）

（14）治痔疮疼痛

方剂之一 赤足蜈蚣，焙后为末，入片脑少许，调敷。（《仁斋直指方》）

方剂之二 蜈蚣三四条，香油煮沸，浸之，再入五倍子末10～15克，瓶收密封。如遇痛不可忍，可点上这种香油止痛。（《孙天仁集效方》）

（15）治蛇咬伤

白芷50克（取白色者），雄黄25克，蜈蚣3条，樟脑15克，各为极细末，以香油调匀搽肿处，随干随搽。（《洞天奥旨》蜈蚣散）

（16）治下肢慢性溃疡

患部用紫金牛煎液清洗后，撒上蜈蚣末适量，用药膏覆盖，日换1次，10天为一个疗程。（江西《草药手册》）

（二）蜈蚣药用的历史简况

1. 蜈蚣名称的由来

在我国的古籍中，有关蜈蚣的记载并不少见。早在周代已开始编著的《尔雅》里，就有“蒺藜”、“蝍蛆”的记载。这是最早的关于蜈蚣的同物异名的文字记载。至周代的春秋中叶，在《庄子》里又有“蝍蛆”、“甘带”的记载。这也是关于蜈蚣的同物异名的记载。

蜈蚣，这个迄今通用的动物名称，最早出现在北魏的《广雅》里，该书指出：“蝍蛆吴公也”。后来“吴公”的字形为表明其属于虫类的缘故，便加上“虫”字的偏旁。

“吴公”名称的由来，可以引用《名医别录》中关于“蜈蚣生大吴川谷及江南”的记载作为依据，推测它是由于蜈蚣产于大吴川谷而得名的。“大吴”可能是当时的大城（今日苏州）与吴郡的简称。

《埤雅广要》里有蜈蚣“今俗谓之百足”的记载。“百足”作为药用蜈蚣的别名，经常用于今日的中药汤剂中。起源于拉丁文的 centipede（蜈蚣），是由 centum（一百个）与 ped（足）组成的；如按字义应译成“百足”；这恰恰与中药方剂中的“百足”巧合。但拉丁文的百足是泛指地蜈蚣、蜈蚣、石蜈蚣和蚰蜒（即钱串）4 大类群的统称，而药用的“百足”，只是特指已入中药方剂的蜈蚣属（Scolopendra）的若干大型种类。

2. 蜈蚣入药的传说

（1）蜈蚣制蛇的传说

早在公元前 120 年前后的西汉，由淮南王刘安署名的著作《淮南子·太平御览》里有一段神话：

月亮普照大地，蟾蜍却能吃月亮；蛇虽然能在雾里飞行，

然而蜈蚣却能使蛇致死。“月照天下，蚀于蟾蜍；螣蛇游雾而殆于蝍蛆”。

可是，作者查阅《淮南子》原作，尚未找到上述的原话，或是《太平御览》编者以“化裁”的做法写成这句话的。

公元4世纪初晋代的葛洪，在他的炼丹术著作——《抱朴子》里记述了蜈蚣与蛇的故事：

“南人入山皆以竹管盛活蜈蚣知有蛇之地，便动作于管中；如此则详视草中必见蛇也。大蛇丈余，身出一围者，蜈蚣见之而能以气禁之，蛇即死矣。”

以上两则记载，富有浓厚的传奇色彩，虽不能作为验证，但也可能在一定程度上反映了蜈蚣制蛇的一些真实性。国外也有蜈蚣吃蛇的记载。例如沃基登(1903)和康明(1903)都有过蜈蚣吃蛇以及小鸟的报道。

不可忽略的事实是，蜈蚣确为肉食类动物，假如它偶然与蛇遭遇，蜈蚣是要用它的强大毒颚攻击蛇与其他较大的脊椎动物的。但是，在我国古籍中的记述，无疑是加上了种种传奇的色彩。

(2)“三物相值”的传说

即蜈蚣、蛇和蟾蜍相聚在一起而相互制约的传说，迄今仍在一些地方流行。早在北宋，宋佃编著的《埤雅广要》(1125)里就谈到这个故事：

“旧说蟾蜍食蝍蛆；蝍蛆食蛇；蛇食蟾蜍。三物相值，莫敢先动。”

“三物相值，莫敢先动”的传说，流传于民间成为“三怕”的故事。上述这种传说，早在1125年以前就已经产生和流行了。1981年，在浙江拍摄科教片《金头蜈蚣》的时候，曾把蜈蚣、蛇、蟾蜍放在一起，却没有发现它们之间“莫敢先动”的敌对状

态，反而友好地相处在一个镜头的视野里。虽然如此，我们现在都知道蜈蚣、蛇和蟾蜍都是药用动物，它们各自在祖国的医药学中占有显著的地位。对于蛇毒和蟾蜍皮肤腺的分泌物——蟾酥，正在深入进行生化分析和临床应用的研究。

蜈蚣作为一味医治蛇伤的药物的记载，早在东晋葛洪所著的《肘后备急方》里，就有用“烧蜈蚣末以敷疮上”的方法以医治蛇伤的论述。用这个方法是否有效，尚待于认真研究。不过，蜈蚣是医治被毒蛇咬伤的一味中药，这是勿庸置疑的。

3. 药用蜈蚣的传统产地

《神农本草经》是最早的中国药典，共包括365味动、植物中药。蜈蚣药是其中之一。可见蜈蚣药的应用在我国已有悠久的历史。后来南梁时代的陶弘景对《神农本草经》作过整理和增广，并把药用蜈蚣的产地和性状作了较精确的记载：“蜈蚣生大吴川谷及江南，头足赤者良。”“今赤足者多出京口长山、高丽山、茅山，于腐烂积草处。”

前面已说过，“大吴”产地是蜈蚣名称的由来，这里不再重述。陶弘景所说的“大吴”可能是指宋、齐、梁三个南朝相继沿袭的吴郡行政区划。所谓“江南”可能指的是长江口南岸的广大地区。

李时珍曾经赞赏《蜀本草》是一部精辟的著作，并在他的《本草纲目》中引用了其中一段很有价值的话：“蜀图曰：(蜈蚣)生山南川谷及出襄、邓、随、唐等州土石间。”

上述的“山南”系沿袭唐代建制的“山南道”地区，包括今日湖北省境内长江以北、汉水以西，陕西省境内的终南山以南，河南省境内的北岭以南以及四川省境内的剑阁以南，其中的襄、邓、唐、随等州，迄今仍是药用蜈蚣的传统产地。尤其是湖北省的丘陵山地，确实杂有土壤和风化碎石造成适宜于蜈

蚣栖息的地区;今日的随州市是全国蜈蚣药的主要产地,年产量400万条,产量居全国首位。

赤足蜈蚣的产地——京口,或指丹徒(今日镇江),或指京江(今日之长江下游)的入海口。这两个可能性的解说在地理位置上并不矛盾。茅山至今尚未更名,也是当时陶氏隐居的地方,因此即可以相信他对蜈蚣的赤足性状和栖息环境做过调查。虽然"京口"诸山的蜈蚣是否赤足,尚未予以调查证实。但是,作者在浙江岱山采集的少棘蜈蚣,赤足的约占95%以上,而湖北省许多地方的同一种类,黄足的却较多。因为产地不同,确有赤足、黄足不同比例的差别。

陶弘景在《本草集著》序言中提到当时药店里把黄足蜈蚣做成赤足蜈蚣的伪品。这位亲自采药的陶弘景,在他的《名医别录》里指出,"黄足者甚多而不堪用,人以火炙令赤当之,非真也。"

以黄足的蜈蚣假冒赤足的伪造方法,或是以朱砂涂赤,或是用火烤得半焦而呈赤色。

赤足与黄足的差别似乎是一个值得研究的问题。我们不妨从药用蜈蚣的生物学和蜈蚣的药物学两个方面进行探讨。在动物学上说,赤足蜈蚣与黄足蜈蚣只是不同种群之间的一般差别。

作者曾把刚杀死的赤足蜈蚣,取步足几丁质内侧的真皮,放在高倍镜下观察,发现细微的红色颗粒,这些颗粒可能是皮层内的洋红细胞的产物。

4. 有关药用蜈蚣采集与经营管理的记述

在前面介绍药用蜈蚣历史产地的有关古籍中,曾有"七八月采之"的记述。在采集月份上当然是指农历,即公历的八九月份。还没有提到其他的采集时间和初步加工方法。

在浙江省的明、清两代编纂的地方志——《岱山镇志》里曾经有如下的记载:"春夏之交,乡村儿童上山采捕以竹签撑之,卖与收客,用火焙干,装往甬江转卖与药行内。每年所出不下数十万条"。

这段历史资料表明,药用蜈蚣的采捕季节与前者不同。现在仍在春夏之交采捕,其中也大致说明了初步加工的方法和商品产量。

在浙江省《岱山县志》里,另有蜈蚣栖息地人工经营管理的可贵资料,现摘录如下:"案《昌国典咏》云:磨心岭土人种蜈蚣以为田,供药肆之采用,则此物由来已久;但今未闻有种者耳。"

这里所说的磨心岭,是指岱山镇内的有名山头。当地人"种蜈蚣以为田"的意思,是说他们以经营药用蜈蚣为业,对药用蜈蚣的适宜栖息地加以管理,对这块地内的蜈蚣种群给予保护,使之繁殖,或者以改善生态条件、给予补充食物等方式进行繁养,待到应时季节采收,卖给药商获取报酬,以为生计。这说明我国古代就有人从事药用蜈蚣的养殖。

5. 我国药用蜈蚣资源的状况

蜈蚣与全蝎、蛇、蟾蜍、蜘蛛被俗称为"中华五毒",是我国传统的五味有毒的中药材。在《本草纲目》等古今医药名著中,均把蜈蚣列为解毒、镇痛、克癌、治痛的重要药物。每年各大医药公司都大量收购蜈蚣干品,以满足人们的医疗需要。随着需要量的增加,药用蜈蚣的采集、养殖与加工有了相应的发展。

蜈蚣作为传统中药,浙江舟山地区的岱山及嘉兴地区各县均是它的主要产地。在20世纪50年代初,年产在三四百万条上下。湖北沿长江各县的产地分散,但产量较多。据20世纪70年代的调查,年产近2 000万条左右,但其质量不及浙江。以中药传统来说,浙江药用蜈蚣是地道的中药产品。据地方志记载,明朝浙江岱山已有药用蜈蚣商品输出,由宁波集中运销全国各地。20世纪60年代初,由于农业耕作制度的改变,农业耕地生态条件的剧变,致使嘉兴地区药用蜈蚣产量锐减,近乎消失,浙江的药用蜈蚣产量下降了一半。由于药用蜈蚣资源减少,而药材消费数量却倍增,药用蜈蚣就成为市场上紧缺的药材之一。为此,湖北省有关单位在20世纪70年代初就着手人工养殖蜈蚣的研究。浙江省从1976年开始由省医药公司、岱山县医药公司、杭州大学生物系和中国科学院动物研究所组成协作组,对药用蜈蚣资源的增殖进行了研究。1980年,这个协作组进行了成果鉴定,在总结3年工作的成绩的基础上,肯定了对药用蜈蚣的形态分类、生态分布和生活习性的初步了解。

随着社会经济的不断发展,可利用的土地(包括蜈蚣的栖息地)日趋变成农田、鱼塘、公路或居民点。这样,药用蜈蚣的栖息地及其产量必然受到一定的影响。但只要重视保护自然资源,注意充分利用剩余的边缘地带,加强管理,开展人工养殖,仍可达到保护和合理利用药用蜈蚣自然资源的目的。

三、蜈蚣的外部形态

药用蜈蚣的体形呈带状，背腹扁平，为左右对称的体制。从外观上看，它们的整体是由大小相差不多、形状也很相同的21个有足体节组成。每个体节的两侧只有1对步足。但是躯干部的第一节和后端二、三个体节发生很大的变化，形成了显然不同的颚肢节、生殖节和肛节。一般地说，整体可以区别为头部和躯干部两个部分。由身体后端的二、三个小体节——生殖节和肛节组成的所谓肛生殖节，或叫肛生殖节区。因为它很小，如果不注意观察，是难以发现这个细小部分的。

幼小的个体与成体的体色不同(指成体与成体大小相近的未成体的蜈蚣而言)。头部和第一步足的背板呈金黄色或金红色，其他背板呈黑褐色。步足大多亦呈黄色，也有的呈赤褐色。蜈蚣在热带地区的种类其全体为黑褐色。

在蜈蚣整个身体表面覆盖着许多大小不同、形状各异的几丁质层，形成所谓的外骨骼，大多表现为淡黄色。

(一)头　部

蜈蚣的头部由6个原体节发育而成；蜈蚣在发育过程中，有的原体节完全退化，有的原体节充分发育并生出原肢，最后愈合成的头壳和由保留下来的原肢形成4对附肢。蜈蚣头部包裹着几丁质外壳，具有1对触角和3对原肢形成的口器。

蜈蚣的头壳是头部的外骨骼，蜈蚣目之头壳背面有一近于圆形的头板。蜈蚣头板前缘有一浅短的凹沟，当身体增大、要蜕去几丁质层时，从这里开始纵裂。凹沟外有1对细长的触角；并在触角后下侧有4对单眼，它们松散地聚合在眼丘上。蜈蚣的单眼只感受外界光线，而它的触角具有更大的敏感性。

蜈蚣触角在胚胎期，是第二原体节的1对原肢。蜈蚣目之触角分节在11～30节以上，由于种群不同而变动幅度很大。在蜈蚣属中，一支触角分成10～18小节，触角基部的4～8节只有稀疏的短刚毛，其他大部分小节都被有一层细密的绒毛。蜈蚣触角除具备感受机械刺激的功能外，还有感受外界化学物质刺激的功能。因此，蜈蚣在探路、觅食和发现与它为敌的动物时都是由它的触角来完成的。

蜈蚣头壳的腹面被口器的3对附肢和颚肢遮住，至少要把它的巨大的颚肢和肢状的第二小颚除掉才能看清蜈蚣的腹面构造。除去某些肢体后的头壳腹面，前半部中央有1大片横向较长的额板。如与蚰蜒的头壳对比，额板应被认为是头部背面前方的一部分。在蜈蚣额板的下面中央有1片横长的上唇，它是由1个中央小齿和1对大的侧片组成。蜈蚣上唇的前缘是和额板的大部分后缘牢固地连接在一起的。上述的两部分占蜈蚣头壳腹面的1/3还多。在蜈蚣目里，上唇的形状是十分单一的。蜈蚣额板的弓形后缘两外侧有1对十分不明显的条状几丁质板，称做副额板。在额板外侧有1对呈长三角形的前头侧板。它与额板后下角相连的1对几丁质板，称做支侧板。在支侧板外的1对较大的几丁质板，则为主侧板。在眼丘腹面和额板外侧各有1对最小的几丁质片，至今尚无名称。

当将蜈蚣头部腹面的巨大颚肢除掉后，可以看到在头壳腹面的口器是3对附肢。这3对附肢是由前向后地固着，它们的顺序为大颚、第一小颚和第二小颚。当我们由后向前拿掉肢状的第二小颚后，就会呈现出短扁的第一小颚；再把第一小颚除掉时，蜈蚣那强大的大颚就会呈现出来(图3-1)。

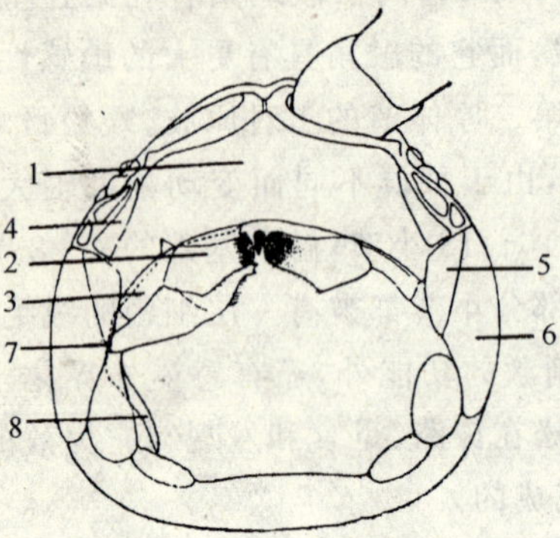

图 3-1　少棘蜈蚣的头部（腹面观）

已除去第一、二小颚和左侧的大颚，示头壳腹面的几丁质板和右侧大颚的位置。

1. 额板　2. 上唇　3. 副额板　4. 前头侧板　5. 支侧板　6. 主侧板　7. 右大颚　8. 大颚的柄部

1. 大　颚

大颚是口器的主要肢体，也是口器的第一对肢体。其功能是用它的齿板切割和磨碎食物。蜈蚣的大颚构造相当复杂，可分成柄部和干部两部分加以说明。

（1）柄　部　蜈蚣的柄部细小。它的前端与干部相接，而后端窄长，伸向头板的内后方。在自然位置上，柄部的长轴与干部的长轴之夹角近于90°角。在柄部的后端有一条坚强的韧带固着在头板的里面。柄部的四周，另有牵动大颚整体的几组肌肉束的固着点。

（2）干　部　蜈蚣的干部宽大。它的前端与上唇和副额板的后缘相触，而它的后端与柄部相连。在干部外缘有一圆形突起，嵌入头壳腹面支侧板的凹窝里，彼此构成活动关节。

在干部的末缘排列着几个黑色大齿，第一大齿上具有二三个齿尖，它是切割食物的利器。当蜈蚣还处在幼体时，各个大齿分离，到成体时，它们相互挤压在一起，成为一块几丁质齿板。当人们检查药用少棘蜈蚣的大颚时，就会发现左侧大颚的齿板有 5 个大齿，而右侧大颚的齿板却有 4 个大齿，具有齿数的不对称性。当左右大颚在中线上相触时，两个大颚上的大齿恰好形成完全缝合的交错状，在功能上是十分有效的。大颚干部的齿板前方有一簇近于圆形的透明毛叶，而齿板后方有一列弯曲的镰状毛。它们的功能与摄取流质食物或饮水有关。除上述的干部末缘构造外，大部分被界线分明的4块几丁质板（柄片、栓片、齿片和三角片）覆盖着。栓片外侧有一圆形突起，是蜈蚣大颚活动关节的凸头（图3-2）。

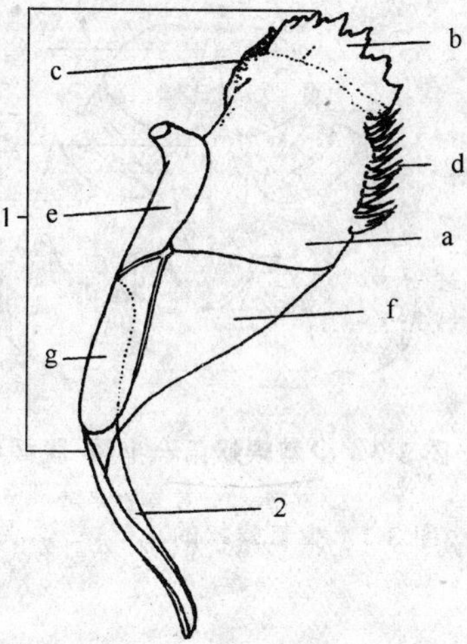

图3-2 少棘蜈蚣的大颚

1. 干部：a. 齿片 b. 齿 c. 毛叶 d. 镰状毛 e. 栓片 f. 三角片 g. 柄片 2. 柄部

当蜈蚣使用大颚切割食物时，柄部的肌肉束和干部的关节相互协调动作，使左右大颚的干部在中线上有力地交错在一起，把柔韧的食物切碎。

2. 第一小颚

第一小颚是口器的第二对肢体，全肢短而扁；左右端肢由腹面覆盖着大颚。第一小颚可分成基节与端肢两部分。

（1）基　节　基节宽大，呈黄色。它的表面有许多细微的刻点；在基节前缘有一条皮膜，皮膜具有网目状花纹。膜皮柔软，在基节和端肢第一节之间可以自由活动。左右基节虽不愈合，但是它们在内后角处相触，并有皮膜相连。基节的内突起，称做基节突。它好像是从它们的中轴线上插进去的一对楔形物，这个突起的边缘上生有许多细毛。

（2）端　肢　端肢很大，有两节。第一节宽短，在前缘上有皮膜，与第二节相连。第二节前端呈耳状，表面具有许多向

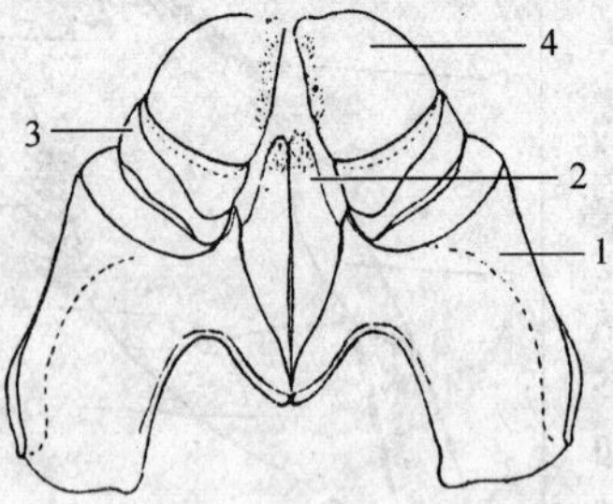

图 3-3　少棘蜈蚣第一小颚(腹面观)

1. 基节　2. 基节的突起
3. 端肢第一节　4. 第二节

内方的长刺毛,而内缘生有无色的细毛,这种细毛的尖端成钩状。此簇钩毛和基节内突的细毛一样,都有扫除作用(图 3-3)。

应该说明,第一节被认为是正常肢体的前股节和股节的愈合节,而第二节则是胫节和跗节的愈合物——胫跗节。

3. 第二小颚

第二小颚是口器的第三对肢体,保持着正常肢体的状态。左右基节愈合,呈桥状,无缝合线。在桥状愈合部背面中央,有纵长的皮膜,被认为是第二小颚的体节胸板的残余。第二小颚的端肢有 3 节,它和一末爪组成。第一节由转节、前股节和股节愈合而成,此节下缘与基节上缘形成可动的皮膜关节,在它的背面和腹面都有关节点:即由基节末端生出的一几丁质小突起和端肢节下缘生出的几丁质小凹共同组成。两个节的背面和腹面的两个关节构成一条无形的轴线,能促成端肢节的定向活动。其他各节之间只有外侧有一个关节点,却难以作定向活动。第二小颚的端肢第二节相当于正常肢体的胫节,并在这节的背面有一个条状棱线和靠近末端的 1 根棘毛。第三节相当于跗节,在这节背面中间一条纵线上密生梳状毛,呈栉状。这列栉毛的顶端也弯曲,呈钩状。此类栉毛和第一小颚的钩状细毛一样,都具有扫除作用,常常用它来扫除触角和其他肢体。末爪钝而短。它位于第三节的顶端,常常被第三节的栉毛遮住,而不容易观察到它(图 3-4)。

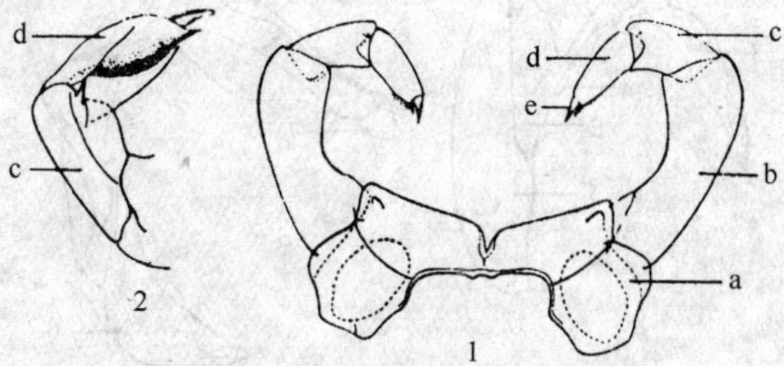

图 3-4 少棘蜈蚣的第二小颚

1. 整体(腹面观) a. 基节 b. 端肢第一节 c. 第二节 d. 第三节 e. 末爪 2. 端肢第二、三节及末爪放大(背面观),示梳毛

4. 幕骨内突

幕骨内突,又称支板。它被埋藏在额板内的深处,与大颚的发育和形成有密切的关系。如果说,体外的几丁质层是外骨骼,而幕骨内突也可以被认为是一块内骨骼;但从它发生方面来论证,它却是大颚肢体节的几丁质层内陷而成的,用以支撑强大的大颚进行有力的活动。幕骨内突的支板外端紧靠在头壳的支侧板上,而幕骨的支板内侧加宽并在上唇下面的内侧分成前、后两叶。支板的肋条外端,也分成两支,形成前、后两叶;其中的后叶加宽,并生有两个突出物。在这个肋条外端,形成两支的叉点上嵌入大颚的凸头,相互构成一个活动关节(图 3-5)。

(二)躯干部

1. 颚肢节

颚肢节是躯干部的第一个体节。在蜈蚣目中,颚肢的体节十分退化,它的背板几乎完全消失,胸板成为基胸板的一部

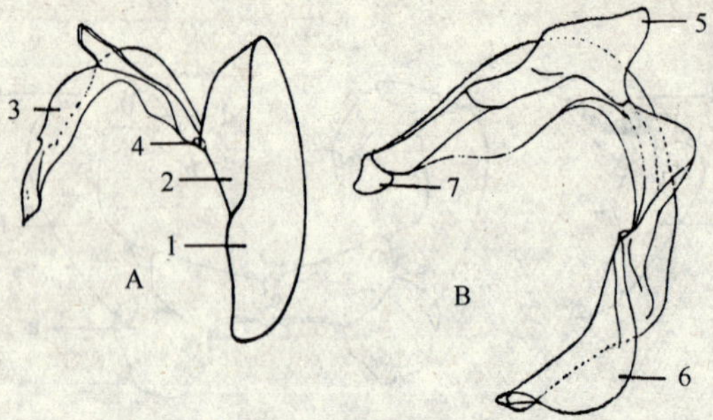

图 3-5 幕骨内突

A. 头壳腹面的部分骨片与幕骨：1. 头壳的主侧板 2. 支侧板 3. 幕骨 4. 幕骨与头壳支侧板的关节

B. 幕骨：5. 前叶 6. 后叶 7. 关节的凸头

分，而侧板也变得很小。但是，这个体节的附肢却十分发达。这个退化体节的附肢在节肢动物的种系演化中发生了根本的变化；不但肢体粗大，而且具有毒腺。从腹面看，这对肢体有一片宽大的连接板，是由这个体节的胸板和该体节肢体的基节愈合而成的，因此被称为基胸板。基胸板的前缘突出呈弓状，而前缘中间有 1 对并列的齿板，齿板末缘有 5～7 个小齿。但盲蜈蚣科的齿板末缘光滑无齿。这个体节的背板几乎

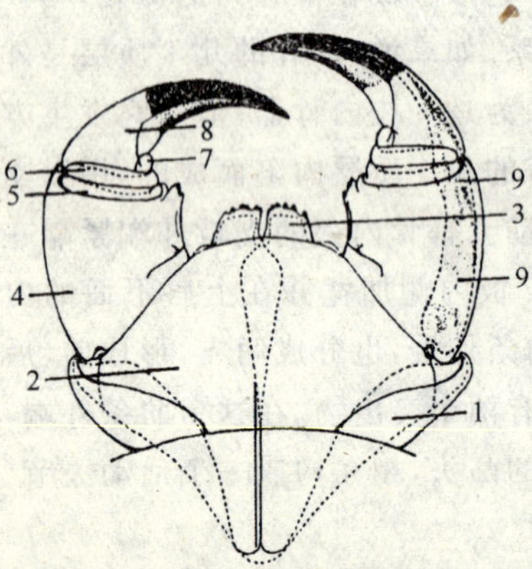

图 3-6 少棘蜈蚣的颚肢节与颚肢（腹面观）

1. 侧板 2. 基胸板 3. 齿板 4. 转前股节 5. 股节 6. 胫节 7. 跗节 8. 前跗节 9. 毒腺

完全消失，只残留一条横长的几丁质板条被隐蔽在头板与第一步足体节（即躯干部的第二个体节）背板的下面（图 3-6）。

颚肢节的颚肢分三节：第一节非常粗壮，它是由转节、前股节和股节愈合而成的；第二节短而宽，呈横条状，相当于胫节；第三节也很短小，相当于跗节。最末一节为弯成钩状的跗爪，它是由跗节与末爪形成的。毒颚（即颚肢）的毒腺呈囊状，埋藏在巨大的第一节内，并由导管通向末爪的近末端的开口处。

在蜈蚣目中，颚足体节的背板几乎完全消失，已如前所述。但在地蜈蚣目中，颚肢体节的背板并未退化或消失，它位于头板和第一步足的体节背板之间，近于方形，却非常明显，但颚肢的跗爪较短小。如方头蜈蚣属就是这样。蜈蚣目蜈蚣科的颚肢节的齿板前缘，具有一列小齿，而小齿的数目和形状，以及两个齿板基部边缘之夹角等特征，因种类不同而有所差别。

2. 有足体节

蜈蚣除颚肢和身体末端的肛生殖节外，每个体节都具有 1 对步足，因此这样的体节被称为有步足体节，即有足体节。

有足体节是体节的典型的模式：有 1 个背板，1 个胸板和左右侧板，从四个方面围成扁平的筒状，但侧板不完全几丁质化，并且从侧板上伸出左右步足，以及气孔。它的有足体节的数目远比地蜈蚣目的数目（31 节至 177 节）少得多，只有 21 节或 23 节。

有足体节的 21 个背板，大小略有差别。第一步足体节的背板最大，而第二、四、六、八、十、十二、十四个背板较小。背板表面具有分散的细微刻点。每一背板可以区别为主背板和细条状的前背板（或称间背板）。但它们的分界很不明显，又常常

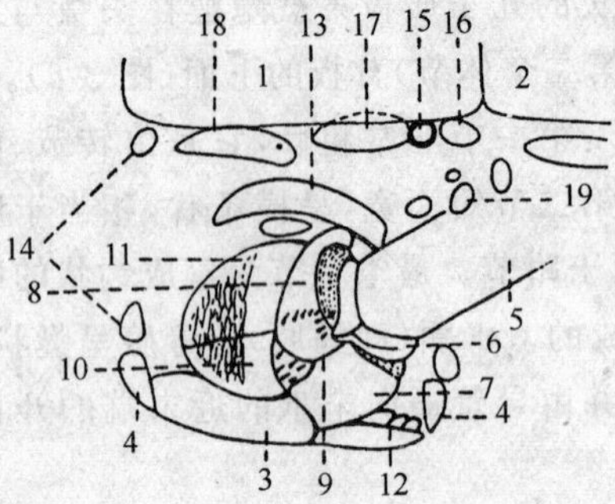

图 3-7　蜈蚣有足体节(左侧面)(仿高桑)

1. 第十四背板　2. 第十五背板　3. 胸板　4. 前胸板　5. 步足前股节　6. 转节　7. 真基节下板　8. 真基节上板　9. 肋条　10. 前基节下片　11. 前基节上片　12. 后基板　13. 下侧板　14. 前侧板　15. 气门板　16. 气门后板　17. 气门前板　18. 上侧板　19. 下气门板

被前一体节的主背板后缘覆盖着,而不易被觉察。因此,我们看到的背板是主背板。然而,在地蜈蚣目有足体节的背板上,主背板和前背板的界限分明,而且看得很清楚(图3-7)。

在躯干部背面正中线的两侧,几乎每块背板都有两条近于平行的纵沟线,不过在前面几块背板上的纵沟线,有时从中断开,而最后有足体节的背板上,常常没有纵沟,又因种类不同,有的只有1条位于正中的纵沟线。

在背板的两侧缘常常具有棱缘,在棱缘的内侧,有时可以看到一条沟线把它与它的背板分开。

在蜈蚣目中,应该注意的一个问题是,头板与第一有足体节背板之间的相触关系有三种方式:①头板的后缘覆盖着第一有足体节背板的前缘,几种药用蜈蚣都是这样的。②第一有足体节的背板前缘覆盖着头板的后缘,如在我国普遍分布的耳孔蜈蚣就是一例。③头板后缘与第一有足体节背板的前缘保持相接触状态。这些特征都是人们易于观察到而又往往易于被忽略的。

3. 胸　板

又称腹板。颚肢体节的胸板已与颚肢的基节愈合成强大的基胸板。第一有足体节的胸板略呈圆形，颇小。但是一块模式胸板，和背板一样也是可以区分为前、后两片，即前胸板和主胸板。有足体节的主胸板很明显，常呈倒置的梯形，亦常具有成对的细纵沟线。在两块胸板之间，前一体节的主胸板的后缘覆盖着后一体节的主胸板的前缘，就这样往往按顺序排列起来。在两块主胸板之间可以观察到，属于后片胸板的前胸板，却分成左右对称的两小片，外侧宽而内端细，呈三角形。

最末的有足体节的胸板无前胸板，而且它的主胸板也较狭小，往往后端较狭而钝圆。

在胸板表面上的细沟线，有这样几种式样：有两条细沟线近于平行的；有仅有中间 1 条的；有两条交叉成十字形的；也有不具沟线而有浅凹的，因此蜈蚣胸板表面的细沟线由于类群不同而有区别。而药用蜈蚣的胸板都有两条近于平行的细沟线。

4. 侧　板

侧板是位于硬化的背板和胸板之间的皮膜。在皮膜的表面上具有复杂的几丁质小板以及气孔等，并从左右侧板上伸出 1 对步足。

体节侧板上的几丁质小板是很复杂的。乍一看来好像没有什么规律性，其实这些复杂的几丁质小板大部分是属于步足基节的，一部分是在有气门的几丁质小板的外围。为了叙述方便，先从步足近侧最短的一节——步足转节加以说明。

(1) 步足转节　它是基节与前股节之间的一节。它的位置在步足前股节的基部有一小的转节。其转节很短，呈环状。

蜈蚣步足的基节分成零碎的几丁质小板，分散在转节近侧端外围膜质侧板上。以转节为中心，可以找到真基节和一组下基板。

(2) **真基节** 真基节与转节相似，也呈环状。它的外侧比较显著，分上、下两片，分别称为真基节上片和真基节下片，并在上片和下片之间的分界处上有一向内伸展的几丁质的基节肋。

真基节附近的下基板，亦属于步足基节的一部分；下基板可以再分成前基板和后基板。前基板又可分成上片和下片；后基板不甚发达，只有残迹。

还有在基节背侧的两片新月状的小板，分别称做上侧板和下侧板。

上述这些几丁质小板都围绕着真基节，统称为围基板。这些几丁质小板的实际作用都可能与肌肉的固着点有密切关系。

除上述的基节及其外围的许多几丁质板外，还有若干小板在侧板皮膜上，如前侧板、气门板等。

(3) **前侧板** 有 1 对，但不很明显。一片靠近前背板，另一片靠近前胸板。

(4) **气门板与其外围的小板** 在气门板上有气门的开口。但是，有气门的侧板在蜈蚣目里只限于第三、五、八、十、十二、十四、十六、十八、二十、二十二诸有足体节上。以气门板为中心，可以找到气门前板、气门后板和气门下板。

侧板上的各个几丁质板的大小，在各个体节上并不完全相同，而且在不同类群和不同种类之间的差异，更有明显的区别。

5. 步 足

节肢动物的步足是有力的运动器官。陆生节肢动物为单肢类，如蜘蛛、多足类和昆虫的步足都是单肢的。一般地说，一只步足共分7节；在唇足类里，这7个步足分节的名称分别为基节、转节、前股节、股节、胫节、跗节和前跗节。虽然药用蜈蚣的步足比地蜈蚣的少得多，但却比地蜈蚣的长大而粗壮。

在介绍体节侧板的时候，曾指出唇足类的步足基节，成为很小的真基节等几丁质板，在侧板中已作了论述。因此，唇足类的步足，只可见到转节外侧的6个分节。

(1) 转节 很短，呈环状。它的外侧较宽而内侧较窄，内壁没有肌肉的固着点。它的外侧中间与真基节相连。转节外侧有分成二支的隆起线：一支是穿过该节的中间而平行于该节的两侧缘，另一支是和基节的连接部相通而进入真基节的上片。隆起线在步足运动过程中，具有特殊的功用。

(2) 前股节 粗大，与转节的外侧相连。

(3) 股节 位于前股节的外侧。

(4) 胫节 常常在它的外端腹面和背面各有一胫刺。

(5) 跗节 无肌肉，只有固着在前跗节的肌腱穿过其中。在跗节的腹面生有一跗刺。跗节常分为第一节和第二节。

(6) 前跗节 形成主爪。主爪基部的两侧各有一副爪。副爪被认为是主爪的分支。或称爪刺(图3-8)。

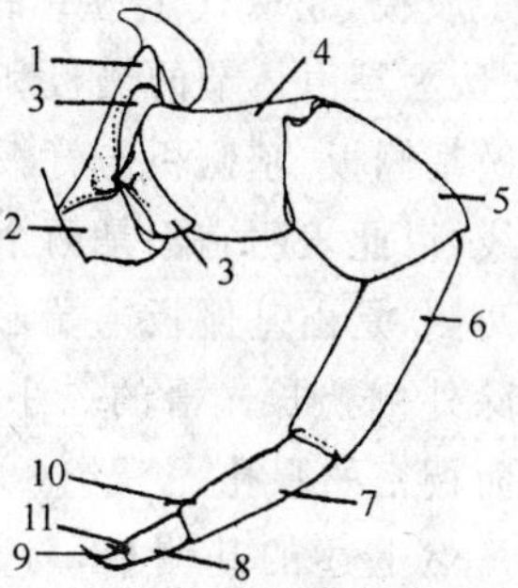

图3-8 少棘蜈蚣的步足(附体节侧板的一部分)

1. 真基节上片 2. 真基节下片 3. 转节 4. 前股节 5. 股节 6. 胫节 7. 跗节第一节 8. 跗节第二节 9. 前跗节(爪) 10. 跗刺 11. 副爪

步足运动的动力来源于由神经支配的步足肌肉，以及与步足有关的躯干部的肌肉的拮抗作用。而步足运动的方向是由基节和转节的隆起线相互形成的支点起作用。步足急促运动的速度，是由于步足向前划动的加大和后摆时间的减少而得到的。在蜈蚣的基节和胸板间有一袋状内褶，当整个步足向前划动时，能把一部分基节嵌入袋状内褶而使步足向前划动更为加大。至于步足其他各节的关节点，仅能使步足各节上下活动而支撑身体离开地面。

最末步足，又称肛足。它比前面任何一个步足都长大，并伸向斜后方；爬行时，不像其他步足那样，只是像一对拖在身后的长尾巴，因此又叫做尾足。

在最末有足体节的背板和窄长的胸板之间，有一块巨大的几丁质板，它取代了应有的皮质侧板。这块巨大的几丁质板，被认为是由体节的侧板和这对步足的基节板共同形成的。这叫做基侧板。基侧板与背板结合得很牢固，但还保留着一条缝合线，以此表明它们是两个部分。从腹面观察时，倒梯形的胸板两侧，是由基侧板末端形成的 1 对圆锥状的基侧板突起，而且除外侧狭长光滑的一小部分外，基侧板的大部分都充满细小而稠密的腺孔。

虽然上述的基侧板，与其他各体节的侧板很不相似，但是，如果耐心检查它前面的若干个侧板的话，就可以发现侧板上各块几丁质板由前到后的演变顺序。许多侧板的几丁质板相继缩小或有的完全消失。即使侧板有气门的存在，而气门板也被排挤在靠近背板的下面，只有下侧板保持原状。而基节的前基板却不断增大，以至于盖住整个侧板的大部分。这个演变顺序能够加深对基侧板形成的认识，了解基侧板的主要部分是起源于前基板。

最末步足的转节很小，呈细环状，与基侧板后缘形成关节。在转节和前股节之间只有皮膜相连，没有硬化，仅呈深色的关节点。前股节虽然与前面的各对步足大不相同，但是在前股节背面内侧常常具有显著的短棘，在它的腹面也常常具有若干个同样的左右对称的短棘，每前股节的短棘或者成单行，或者排成内、外两行。这是鉴定几种药用蜈蚣的种别的一个主要依据。在前股节之后的股节和胫节却与正常步足的相同，而跗节常常成两个分节——跗节的第一节和第二节。

有少数种类，它们的最末步足有两性区别，如亚马蜈蚣，雄性成体最末对步足的前股节、股节以及胫节的背面有隆起边缘，使它的中间形成了一个长圆形的浅凹。雌性的两侧虽有边缘而背面却无隆起。这个不同性别的差异，在地蜈蚣类中很常见，差异更为显著。

（三）肛生殖节

在蜈蚣最末对步足基部之间的身体末端，常常伸出很小的肛生殖节。在胚胎时，它们是3个很显著的体节——前生殖节、生殖节和肛节。但是，当蜈蚣成长后，与前面有足体节比较，却非常不同，几乎很难观察到它们之间的分节现象与正常体节的同源关系。肛生殖节在整形类和改形类的蜈蚣类群之间差别很大。这里只说明药用蜈蚣的肛生殖节的一般构造，并指明其两性的不同。

1. 前生殖节

前生殖节是第一生殖节。它的节背面有一发育不完全的背板，而腹面另有一片同样的胸板，叫做前生殖节胸板。雄性的前生殖节胸板常常有一对细小的单节指状生殖肢，实际上它是该节残存的附肢；有的种类，这对残存的附肢完全消失。雌性都无生殖肢。

2. 生殖节

它是第二生殖节。它无背板，仅保留 1 片很小的胸板，或称做副几丁质板，附着在前生殖节胸板的后下缘。对于雌性来说，这个胸板已不复存在。

蜈蚣的生殖孔与阴茎：雌性生殖孔在前生殖节胸板和肛门之间；雄性生殖孔位于副几丁质板和肛门之间，阴茎呈三角形，几丁质化，呈褐色，有时伸出体外。

3. 肛 门

蜈蚣的肛门位于生殖节的背后方，有褶皱，人们往往把它分成 4 片肛门板，即上肛门板、下肛门板、左肛门板和右肛门板。幼体或未成体的肛门板尚未几丁质化，几乎与软皮膜无异样(图 3-9)。

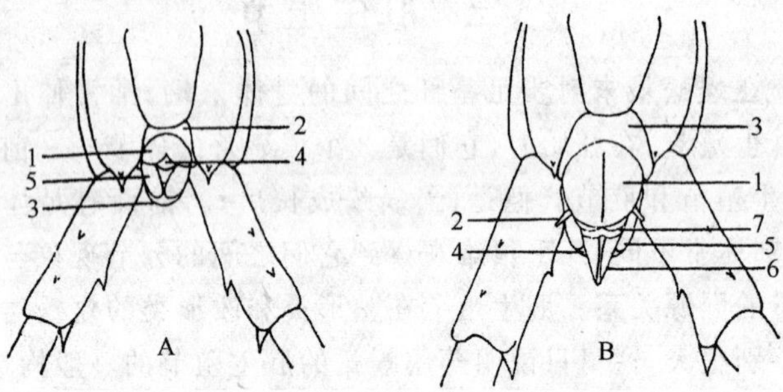

图 3-9　少棘蜈蚣身体末端(腹面观，示肛生殖节)

A. 雌性成体：1. 前生殖节胸板　2. 软膜　3. 上肛门板　4. 下肛门板　5. 侧肛门板

B. 雄性成体：1. 前生殖节胸板　2. 生殖肢　3. 软膜　4. 上肛门板　5. 侧肛门板　6. 阴茎　7. 副几丁质板

四、蜈蚣内部组织结构

蜈蚣属于唇足类。唇足类的体内各系统与其他陆生节肢动物的相同，它包括肌肉、消化、循环、呼吸、神经和生殖等系统。

（一）肌肉系统

作为唇足类的蜈蚣，其肌肉系统起源于胚胎早期的中胚层，是由横纹肌组成的系统。但是，它们不像蚯蚓那样，只能由肌纤维形成的肌肉层作简单的伸缩运动。而唇足类蜈蚣的肌纤维成束状，肌肉束的端点固着在几丁质内壁的固着点上，成为系列的肌序，在神经纤维的支配下，可作各种随意的复杂运动。

最简单的肌序在触角上，可以发现肌肉的一端固着在某一触角节的近侧缘，另一端则固着在前一触角的近侧缘，按照这种方式节节相连。如果弯曲的时候，这个简单的肌肉系统也要在神经支配下发生相互对立的拮抗作用。

蜈蚣步足本身的肌序（不包括步足与体节之间的肌肉束），包括举肌和下掣肌，还可以看到肌肉束一端有一肌腱，肌腱的末端固着在跗节末端的固着点上。

躯干部的肌肉系统十分复杂，它的复杂性是与蜈蚣的似蛇爬行的运动方式相适应的。如果从身体中轴线与这些肌肉系统的关系加以分析，则可以分成纵肌、横肌和斜肌的组合。而肌肉系统的运动原理仍然是发生拮抗作用。

（二）消化系统

如果把蜈蚣口器的各对附肢除去以后，在上唇的下面就可以看到1条纵行的裂口，这时，只要把上唇向前上方反转上去，就会看到口腔。

1. 口腔

由上咽构成口腔的顶盖，在反转过去的上唇和上咽之间有一个横咽头板。在咽头板的内侧有许多细小的腺孔。由下咽头构成的口腔的底部具有毛丛。

2. 前肠

又称食道。它与口腔的下咽头相连。前肠的末端有砂囊的作用。前肠内壁有许多横纹肌，内壁表面具有波纹状的纵褶。与“砂囊”相连的是幽胃，而幽胃的内壁表面具有特殊的针状毛。

3. 中肠

中肠的前端与前肠的末端相连，内壁表面有许多类似高等动物小肠绒毛的毛状突起。这是吸收食物营养的主要部分。

4. 后肠

后肠较短。它位于末端3个有足体节的体腔内。后肠的褶皱厚，肌肉发达。它是贮存消化后残余废物的场所。后肠的后部有一显著的弯曲。

肛门位于肛生殖节生殖孔的背面，是消化道末端的开口。

5. 消化腺

蜈蚣的消化腺共有5对。它们都是由许多球状腺组成的群体，有总导管通至各自的开口，并依开口的部位而命名。

（1）咽　腺　蜈蚣的消化腺咽腺，有两对，位于头的前半部内，腺体很小，各自有1对导管通入咽部。

（2）颚　腺　又称唾腺，2对。它位于前体部消化道的两侧，腺体较大，容易观察，有细长的管道通入第一小颚基部的开口。

（3）第一步足基节腺　第一步足基节腺，有1对。它与颚腺平行排列，也较显著，它的导管开口在第一步足的基节上(图4-1)。

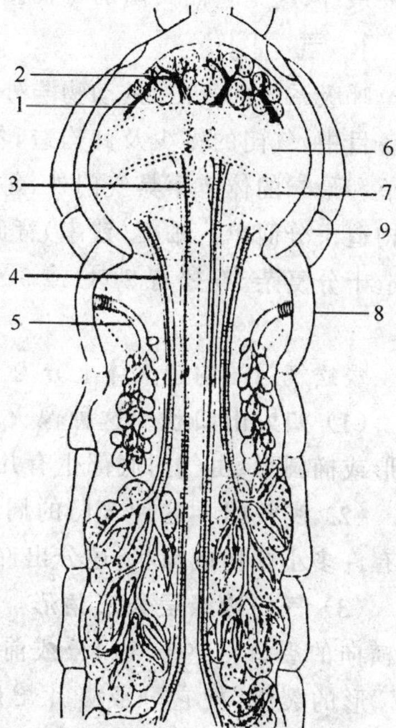

图4-1　蜈蚣属的头部和第一步足体节各对腺体(示意图)(仿Verhoeff,1902)

1. 第一对咽腺　2. 第二对咽腺　3. 第一对小颚腺　4. 第二对小颚腺　5. 第一步足基节腺　6. 大颚　7. 第一小颚　8. 第一步足基节　9. 颚肢

6. 马尔皮基氏管

它是在中肠和后肠之间伸出的1对细长的盲管。盲端向前伸展可以达到身体前端，是1对与高等动物的肾脏功能相类似的排泄器官。

（三）呼吸系统

唇足类的蜈蚣也是典型的陆生节肢动物之一，具有气管呼吸系统,这是它们共同的特征。

1. 气　门

呼吸系统的气门,是动物与外界交换气体的门户。在唇足类各目中,气门的多少及其构造,各不相同。如地蜈蚣,除第一体节和最末的体节不具气门外,每个体节都有 1 对气门,气门的构造十分简单。蚰蜒(钱串)背面共有 7 个气门。它的气门构造十分复杂。蜈蚣有 8 对(或 9 对)气门,气门构造也比较复杂。

蜈蚣气门的构造大体上分为三个类型:

(1) 如火山口状　这种像火山口形状的气门,其周缘呈圆形或椭圆形,由气门底部生有几条气管深入到体内。

(2) 浅气门　这种气门的周缘与底部在同一平面上,底部有许多小孔构成筛状,还分出许多气管深入体内。

(3) 气门边缘呈长三角形　在三角形的气门中间,有 1 条横向的裂口。整个气门分成前庭和内盏,在这两者中间有"Y"形的裂缝,把它分成 3 片瓣扉,瓣扉的边缘有许多毛状棘,并由其内盏底部发生许多气管伸入体内。药用蜈蚣的气门属于第三类型(图 4-2 A,B)。

2. 气　管

地蜈蚣的气管,在它每一体节的气门底部发生许多根,其中两根较粗大的气管,与各个体节主背板的中央相连,成为气管的联合。然后,再由各节的气管联合形成菱形连锁的气管系统。

蜈蚣属的药用种类,它的气管非常复杂(图 4-2 C),除有如上述组织外,还有如下几种配合:

(1) 联通前后气管　药用蜈蚣的气门能联络前后两个相邻的气门,这样的气管称为气管联合。

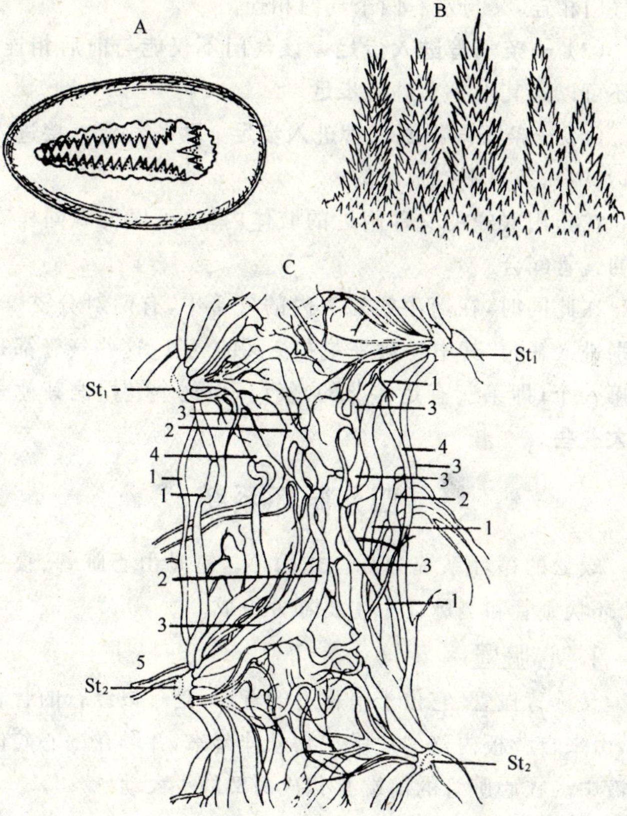

图 4-2　少棘蜈蚣的气门与气管系统(仿高桑)

A. 第一个气门外形　B. 气门瓣扉的放大部分　C. 第十五有足体节前后的气管系统：St_1第十四体节的气门　St_2第十六体节的气门

1. 气管联合　2. 联络前后相邻气门和左右联络的气管　3、4. 前后联络并有一支进入步足的气管　5. 直接进入步足的气管

(2)与前后左右气管相连　药用蜈蚣的气门既与前后两

个气门相连，又与左右两个气门相连。

（3）**一条气管进入步足**　该气门不仅能与前后相连，而且还可以同其中一支进入步足。

（4）**一条不同根源气管进入步足**　两条气管直接进入步足，其中一条是不同根源的。

在药用蜈蚣的头部附近的肢体内，也可以发现同样有条理的气管配合。

在此同时，在药用蜈蚣头内的气管中，有两对分支气管，分别进入触角，其中一对是左右交叉的气管。这些气管都是来自第一个（即第三有足体节的）气门，而这个气门比其他气门要大一些。

（四）循环系统

蜈蚣的循环系统为开管式循环。它是由心脏管、腹主动脉、环状血管和侧脉几个主要部分组成。

1. 心脏管

又称背血管。它位于消化道的背面，是一根纵行的管状血管，由来自背板内壁的皮膜把它悬挂起来，并浮在围心腔内的血液中。在心脏管的前端有分成两叉的头大动脉。

2. 腹主动脉

它位于腹神经索上面，是一根与心脏管平行的主动脉，或称腹血管。

3. 环状血管

环状血管在第二有足体节的里面，是心脏血管最粗壮的一部分。由此处发出的侧动脉，也较其他侧动脉粗壮，与弯曲到下方的血管形成环状，称为环状血管，或称为大动脉弓。

4. 侧 脉

这是由心脏管向侧方发出的几条侧脉，侧脉末端再分出细小的分支。

上述血管系统的基本构造，与环节动物的循环系统十分相似。

在心脏管的侧面有许多成对的瓣孔，能使围心腔的血液由此孔进入，并流向前方。在蜈蚣目的若干体节内的侧脉细支末端常常有淋巴体存在。

5. 血液与循环

蜈蚣体内的血液，通常是无色透明的，含有血球；血球或呈圆形，或呈椭圆形，或有不定型的。每个血球通常只有一个细胞核。在血浆中还有脂肪球等。

当血液通过瓣膜进入心脏管，就被推向前方，进入头大动脉，再由它的末端流出来。另一部分血液，由大动脉弓进入腹主动脉，或由两侧进入侧脉管，再各自从它们的末端流出来。这些血液经过各个组织，逐渐汇集在体腔里，再经围心腔回到心脏管。这样的血液流动的过程，称为开管式循环。

（五）神经系统

作为唇足类的蜈蚣，其神经系统与其他陆生节肢动物的一样，为梯状神经型。中枢神经为脑和各个神经节，以及它们派生的末梢神经。

1. 脑

脑为中枢神经的前端膨大部分，可以区分为前叶、中叶和后叶。在脑的后下方有食道下神经节；把脑和食道下神经节联合起来的 1 对神经包围着食道，构成围食道神经环。

头部的触角和单眼是主要的感觉器官，它们都与脑有神经相连通；在脑的前叶顶端分出 1 对神经进入触角；在脑的后叶末端有视神经叶，分出 4 对神经分别进入 4 对单眼。

食道下的神经节，呈纵行的纺锤形。由该神经节的前部伸出 5 对神经，其中的前 2 对进入颚肢的端肢，而后 3 对则分布在颚肢的基节。颚肢体节缺少神经节，这是由于这个体节原有的神经节与原食道下的神经节合并成为现有的食道下神经节的结果。这种情况，在小胸节发达的昆虫里也是如此。

2. 腹神经索

腹神经索位于食道下神经节后面。每个有足体节各有 1 个神经节，并且由纵行的神经把它们相互连接起来成为神经索。这个神经索末端的一节较大，可能是与生殖节的原有神经节联合在一起的。因为生殖节发育不全，未发现神经节。

在蜈蚣头壳的额部里有 1 对称为前额器的感觉器官，与脑的交感神经节的神经相连接。这对前额器属于交感神经系统。

（六）生殖系统

唇足类动物为雌雄异体，药用蜈蚣也是如此。虽然在蜈蚣外形上不易于区分，但在解剖它们的内脏时，两性的生殖系统却是显然各不相同的。在不同类群中，雌性生殖系统构造是同样的，但雄性生殖系统在唇足纲的不同目中差别很大。

1. 雌性生殖系统

雌性生殖系统是由卵巢、输卵管、副腺和纳精囊 4 个主要部分组成。

（1）卵巢　它位于消化道的背面，是一根瘦长的圆筒状的生殖器官。成体的卵巢内壁有许多白色球状的胚细胞，进一步发育成具有丰富卵黄的卵细胞，产生胚细胞的卵巢内壁为胚表皮。由胚细胞分化到发育成为成熟的卵粒是个复杂的过程，这在后面章节里进行介绍。

（2）**输卵管** 它与卵巢后端相连通，并无明显的界限。在输卵管的尾部分成两支，把后肠包围起来，并在后肠的下面再合成一根。输卵管的开口是生殖孔。

（3）**纳精囊** 药用蜈蚣的纳精囊，仅有1对。而纳精囊的副腺在地蜈蚣目和蜈蚣目种类中，都是1对。但在石蜈蚣目和蚰蜒目中，则有2对，即第一副腺和第二副腺。

2. 雄性生殖系统

雄性蜈蚣的生殖系统由精巢、输精管、贮精囊、副腺和附属物组成（图4-3）。在蜈蚣目中，精巢有十几个至几十个不等，呈纺锤形。耳盲蜈蚣有30个精巢，精巢呈椭圆形。精巢由身体前部一直排至后部，大体上排成两行；每个精巢由两条细精管连通纵行在中央的单根输精管上。单根的输精管下端与肌肉发达的射精管相连，而射精管的末端向体外开口。在输精管内常有若干椭圆形的精胞，精胞内有无数精子。射精管末端有2对副腺与它相连通。

图4-3 蜈蚣（属）雄性生殖系统
（背面观）（仿 Heymens）

1. 悬索（结缔组织） 2. 精巢（成对）
3. 精管 4. 粗精管（射精管） 5. 生殖弓
6. 前附属腺 7. 后附属腺 8. 头板
9. 颚肢 10. 肠道 11. 第二十步足

五、药用蜈蚣的主要种类

历代本草记载的药用蜈蚣，根据它的地道产地予以考察后，可以确定这味传统蜈蚣药是由少棘蜈蚣炮制而成的。随着各地药用动物资源开发和利用，当前有几种大型蜈蚣已加工成为当地的名贵动物药，如多棘蜈蚣已成为广西的名贵中药商品。现在的药用蜈蚣成品，由若干种大型蜈蚣加工配制而成。另外，还有尚未入药的蜈蚣，也放在后面介绍，仅供参考，以辨真伪。

（一）少棘蜈蚣(*Scolopendra mutilans* L. Koch)

体长 110 毫米。头板和第一有足体节的背板，呈金黄色。它与墨绿色或黑褐色的其他背板显然不同。步足多为黄色，最末步足，多呈赤褐色；也有步足都呈赤褐色的个体。头板无纵沟线。触角分 17 节，基部的 6 节无细密的绒毛。颚齿为 5+5 (即左右齿板上各有 5 个小齿)，每侧有 5 个小齿，常有一间隙，并分为 2+3 两组。背板上的纵沟线，由第四至九背板开始，至第二十背板；最末的背板无沟线。第二至十九胸板有纵沟线。体部背板两侧的棱缘，从第五至九背板开始，至最末背板。第二十步足和前面步足一样，都有一跗刺。基侧板突起的末端，常有 2 个小棘，也很少有 1 个或 3 个小棘的。

最末步足(即第二十一步足)无跗刺。它的前股节腹面外侧有二棘，而内侧有一棘。在前股节背面内侧有一棘。隅棘上具有二个小棘。

雄性生殖区前生殖节胸板两侧，有1对生殖肢。

这种少棘蜈蚣主要分布在我国中温带地区，如长江中下游。个体比多棘蜈蚣小，最末足的前股节腹面和背面内侧的棘数也少。颚肢齿板的齿数变异不大。但因产地不同，种群也不同，黄足、“赤”足个体数量的比例就不同。这个差别早在《本草》中已有记载（图5-1）。

少棘蜈蚣分布在江苏、浙江、河南、湖北、湖南、四川等地。据记载，少棘蜈蚣在日本、韩国也有分布。

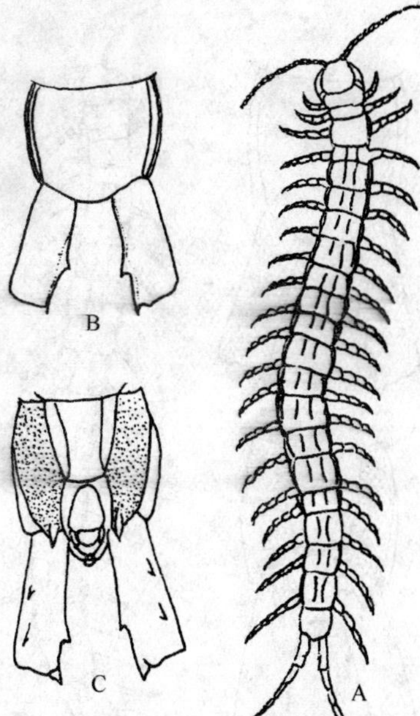

图5-1　少棘蜈蚣

A. 整体（背面观）　B. 身体后端（背面观）　C. 身体后端（腹面观）

（二）模棘蜈蚣（*Scolopendra subspinipes* Leach）

模棘蜈蚣体长达160毫米。大多呈单一的褐色或黄褐色。有时头板和第一有足体节的背板，比橄榄褐色的其他背板光亮些。头板无纵沟线。触角由18节组成，基部的6节无细密的绒毛。颚齿为5+5，或6+6，也有二三个小齿相互愈合为一个大钝齿的标本。第一背板无沟线，背板纵沟线由第二至第六背板开始，直至第二十背板。最末背板无沟线。第二至第十九胸板有纵沟线。身体两侧的棱缘，是由第七至第十背板开始，直至最末背板(图 5-2)。

第一至第二十步足各有一跗刺；最末步足无跗刺。基侧板突起末端有二个小棘，也很少有一个或三个小棘的。腺孔区扩展到背缘。

最末步足的前股节的腹面外侧具有二棘，而内侧具有一棘，背面内侧具有一或二棘，隅棘末端具有二小棘，也很少有一小棘的。

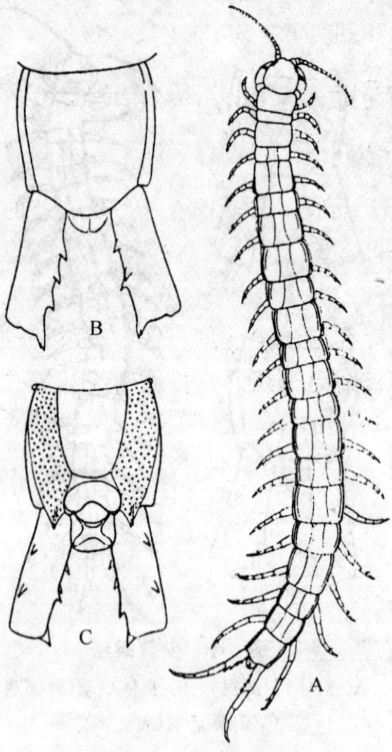

图 5-2 模棘蜈蚣

A. 整体(背面观) B. 身体后端(背面观)

C. 身体后端(腹面观)

模棘蜈蚣的分布，据高桑(1940)记载，我国台湾省也有分布。印度尼西亚、菲律宾等地也有分布。

模棘蜈蚣的体长，有的可达 200 毫米。一些个体变异也很显著。背板呈单一色，或为褐色，或为黄褐色，或为橄榄色，或为黑褐色。据阿特姆思(1930)记载，此种颚齿板上的小齿有 4～9 个；背板棱缘从第五至第十六背板开始出现；最末步足前股节背面中部(即内缘)有 1～3 个棘等。这些性状的变动范围如此之大，在确定种类上是难以掌握的一个例证。除台湾省曾有记载外，广东省也可能有此种。

（三）多棘蜈蚣（*Scolopendra multidens* Newport）

多棘蜈蚣的体长达155毫米。头板和第一有足体节的背板颜色，比少棘蜈蚣的较深，呈玫瑰红色，与棕褐色的其他背板显然不同。步足为棕红色。触角分为18节，基部6节无细密的绒毛。颚齿为6+6。背板纵沟线，大多从第二背板开始，直至第二十背板。最末背板则无沟线。胸板纵沟线从第二胸板开始，至第二十胸板，但很不明显。身体两侧的棱缘从第十至第十四背板开始，直至最末背板（图5-3）。

第一至第十九步足有跗刺，第二十步足和最末步足无跗刺。基侧板突起末端常有三小棘，也很少有二小棘的。最末的步足，较少棘蜈蚣粗壮，前股节的腹面外侧有二棘，或有三棘，而内侧有二棘；背面内侧有二棘；隅棘末端有三小棘，也曾发现有二小棘的个体。

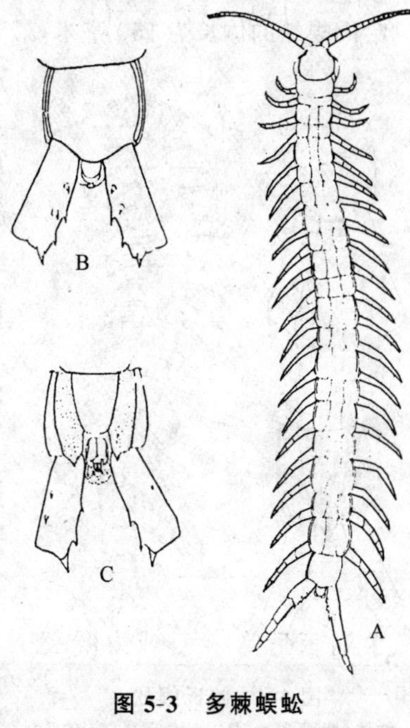

图5-3　多棘蜈蚣

A. 整体（背面观）　B. 身体后端（背面观）
C. 身体后端（腹面观）

雄性生殖区前，生殖节胸板两侧无生殖肢，与模棘蜈蚣、少棘蜈蚣和哈氏蜈蚣（都有生殖肢）不同。

多棘蜈蚣分布在广西（都安）地区的个体数量很多。在海南省、湖北省宜昌、浙江省丽水亦有发现。

1974 年，广西医药机构在都安地区开始收购此种蜈蚣，并加工成药用蜈蚣供应各地。当地群众早已利用这种蜈蚣炮制为外用的蜈蚣油和内服的蜈蚣酒，并用以配制成种种汤剂。

（四）哈氏蜈蚣（*Scolopendra dehaani* Brandt）

哈氏蜈蚣的体长为 150 毫米，最大的可达 200 毫米。全体呈褐色，或头板和第一有足体节的背板为红色，而其他背板为褐色。步足呈浅褐色。触角分 18 节，基部 6 节无细密的绒毛。颚齿为 6＋6。背板纵沟线多从第四背板开始，直至第二十背板；胸板纵沟线从第二胸板至第二十胸板。最末体节的基侧板突起末端有二小棘，也有一侧突起末端有一或三小棘的个体（图 5-4）。

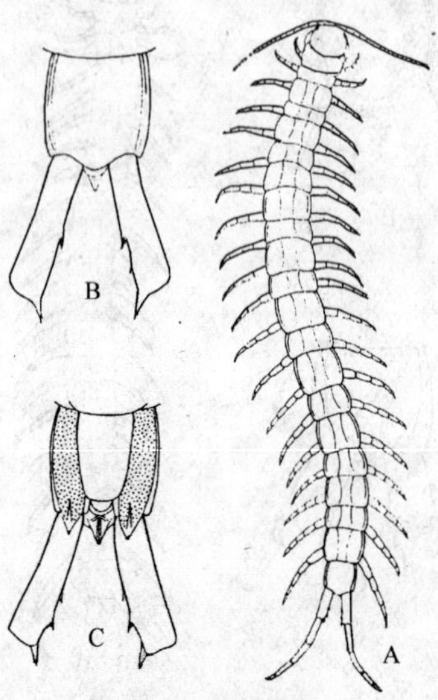

图 5-4　哈氏蜈蚣

A. 整体（背面观）　B. 身体后端（背面观）
C. 身体后端（腹面观）

第一至第十九步足各有一跗刺，第二十步足也有一跗刺。最末步足前股节的腹面外侧无棘，而内侧仅有一棘；前股节的背面内侧有一棘，也有少数个体一侧为一棘，而另一侧为二棘的。隅棘末端为二小棘。

雄性生殖区前生殖节胸板两侧有细小的生殖肢。

哈氏蜈蚣在我国广东、广西、云南等地都有分布，而海南省的个体数量较多。印度与东南亚诸国都有记载。

（五）马氏蜈蚣（*Scolopendra mazbii* Gravely）

马氏蜈蚣的体长可达90毫米。幼体蓝绿色，仅头的前半部呈红褐色。成体的头板和第一步足体节的背板呈棕红色，第二步足体节的背板呈深绿色，而其他背板呈灰褐色；背板的后缘有一绿色条纹。步足为黄褐色。

头板有一条细长的纵沟线。触角分17节，基部为5节，无细密的绒毛。颚齿各有5或6个小齿。背板纵沟线从第二背板至第二十背板；第二十一背板无沟线。胸板纵沟线从第二胸板开始，直至第十九胸板。身体两侧的棱缘从第五至第十背板开始，直至第二十一背板。最末体节的基侧板突起，末端通常只有一个小棘（图 5-5）。

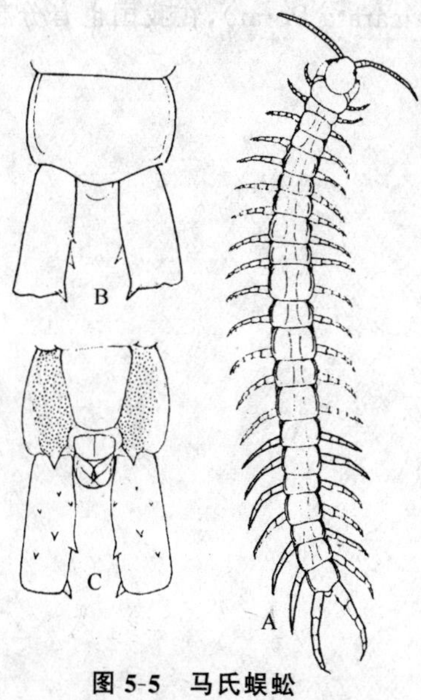

图 5-5　马氏蜈蚣

A. 整体（背面观）　B. 身体后端（背面观）　C. 身体后端（腹面观）

第一至第十九步足各有一跗刺，第二十步足也有一跗刺。最末步足前股节的腹面有六棘，呈3行，每行各有二棘，背面内侧各有一棘。隅棘末端有二小棘。

雄性生殖区前生殖节胸板两侧无生殖肢。

马氏蜈蚣产于西藏（察隅）。

马氏蜈蚣在产地尚未作为药用蜈蚣资源开发，亦尚未有入药的记载，有待于进行入药试验与开发。

药用蜈蚣，属于蜈蚣属的若干大型种类，已如上所述。但在此属中，还有个体较小的许多种类，如我们已知的亚马蜈蚣(Scolopendra amazonica Bucherl)，即过去所说的我国的赤蜈蚣（Scolopendra morsitans L.）和距蜈蚣（Scolopendra calcarata Porat)，在我国也有分布，也应予开发利用。

六、蜈蚣的一般生活习性

蜈蚣白天多潜伏在砖石缝隙、成堆的树叶、杂草和腐木等阴暗处，夜间出来活动。蜈蚣是典型的肉食性动物，喜食各种活体昆虫，如蟋蟀、蝗虫、蟑螂、金龟子、蝇类以及这些昆虫的卵和蛹，也吃蜘蛛、蚯蚓、蜗牛及脊椎动物，如壁虎、小蛇、小鼠等。当蜈蚣食物不足时，也吃少量植物嫩叶或瓜果。它的行动敏捷，不时摆动着伸向前方的触角寻找青虫、蜘蛛等食物。当触角碰到它所要捕获的食物时，便猛扑上去，用它的身体前部的几只脚和带有毒腺的颚足紧紧钳住，并把捕获物麻痹，然后咬破被捕获物身体的松软部分，食尽其血肉部分。蜈蚣食量较大，每次进食为其体重的3/5，饥饿时，还互相残杀。每年秋末冬初时，蜈蚣常结伴蛰居于向阳避风、少土多石的约10厘米深的地下进行冬眠。到翌年惊蛰后，蜈蚣逐渐向浅层移动，爬到地面进行觅食。

昼伏夜出是蜈蚣的主要生活方式，这种生活方式和它们的体形和行动是密切相关的。但是，这种密切的关系，不应简单地认为是某一种类对生活环境适应的结果，而是由于它们在种系发育过程中的地位所决定的。蜈蚣窄长而扁平的体形，能潜入横向狭窄的空隙间进行活动，它们的扁平的头部和毒颚，也能在异常局限的空间内捕获猎物。不过，它们在迅速急行时，窄长的身体由于左右摆动而引起偏离前进的目标，这使蜈蚣不仅对猎物的攻击不够准确和迅速，而且易于受到敌害的攻击。因此，昼伏夜出的生活方式是有其特殊意义的。在外出活动时，触角是有效的感受器，而毒颚则是有力的捕食和防御的武器。

（一）扫除习性

蜈蚣的扫除习性，又称"化装作业"。药用蜈蚣只有4对很小的单眼，不能对外界物体形成图像；它感受外界的刺激主要依靠头前部的1对细长的触角。这对触角在构造上，除基部几个触角节外，各触角节都有细密的触毛。在饲养过程中，我们可以清楚地看到它们经常扫除这对灵敏的触角。

当蜈蚣颚肢接受自行弯曲的某一支触角，进入第一和第二小颚时，由第二小颚的末节把它执住；这时触角开始由近侧向远端滑动，同时第一小颚的基节突起和端肢也协同活动，并分泌唾腺液，以供其扫除的需要。蜈蚣之所以能起扫除作用，是因为它有钩状细毛的毛刷，清除触角上细微的固体污物。当第一次扫除时，蜈蚣的弯曲的触角由于肌肉的支配把触角恢复到原来挺直的状态。这样，蜈蚣触角的扫除动作要重复几次才能完成。蜈蚣不仅能扫除灵敏的触角，有时也要扫除步足；扫除步足时，也是先由基部开始向末端扫除。

蜈蚣这种扫除习性，在其他种类中也能见到，这是一般种类共有的行为。

（二）昼夜节律

少棘蜈蚣，白天潜伏在石块下面或碎石的缝隙间，或者在田埂、地坎的凹缝里。待到夜间，它们出来四处游荡，猎取食物。根据在湖北省的夏季调查，它们在20∶30～24∶00活动频繁，至翌日凌晨4∶00才停止活动。

昼伏夜出，是蜈蚣的活动节律。昼夜的显著差别是光线的强弱或有无。光线对于蜈蚣的感光器官——仅有的4对单眼，是有一定作用的。克劳德斯利·汤普森(1970)曾认真地研究过这个节律。他把蜈蚣放在行为仪内,并使行为仪平衡,让蜈蚣任意运动引起行为仪倾斜而被记录在电动熏烟鼓上。这套仪器和蜈蚣都放在控制温度和光线的环境舱内。根据试验结果,克劳德斯利·汤普森做出间隔2小时为一区段的矩形图(图6-1)。

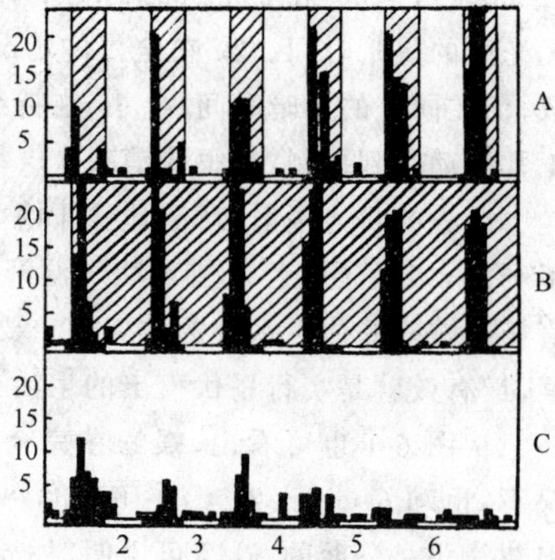

图6-1 某种蜈蚣在27℃潮湿空气中的运动行为

A. 21时至翌日6时山区标准时间照明 B. 在不断的黑暗中 C. 在持续的光亮中

纵坐标:活动性,表示该蜈蚣越过场地导向轴而摇动行为仪

横坐标:各天的次数。底边黑条纹代表18时至翌日6时,计12小时

由图6-1可以看出:①按照国际的山区标准时间,每天6:00~21:00照明的时候,环境舱的蜈蚣大部分活动发生在黑暗的时期(图6-1,A)。②行为仪在6天内,由4条蜈蚣共引起摇动2 251次,其中2 169次(占96%)发生在黑暗时间。所以,蜈蚣的活动节律连续保持在黑暗时间(图6-1,B)。行为仪在6天内,由2条蜈蚣共引起摇动的有1 146次,其中1 050次(占92%)发生在21:00至翌日6:00以内。③在持续的照明里,蜈蚣的活动节律几乎消失(图6-1,C)。在6天内,2条蜈蚣摇动行为仪共1 180次,但是只有其中的580次(占49%)发生在21:00至翌日6:00以内。

从上述实验的结果,我们可以看出:1. 蜈蚣在每天

6：00～21：00给予光照的情况下，绝大多数的活动发生在无光照的黑暗时间。2. 在全黑的情况下，约有96%的活动次数，仍在同上的黑暗时间内。3. 在持续不变的光照下，蜈蚣的正常活动受到抑制，且很快消失。

白昼的日光辐射，对于适宜于隐蔽生活的蜈蚣来说，是很不利的，如果光照可以使环境气温升高、相对湿度降低，这就直接影响蜈蚣体内水分的散失等。要使蜈蚣避免这个不利因素，最有效就是实行昼伏夜出的生活节律。

从图6-1也可看出，蜈蚣在完全无光照与持续光照的情况下，也和6：00～21：00照明时一样，虽然节律大小不一，但节律仍是分明的。这又可说明，外界条件(如有无照明)不起决定作用，而蜈蚣的昼夜节律是一种本能的行为。

（三）捕食与食性

蜈蚣的颚肢，因其有毒腺，又称毒颚。它是主要的捕食器官。蜈蚣因为有了颚肢，就不但可以猎取昆虫，也能战胜比自己强大得多的小型脊椎动物。在蜈蚣夜出游荡时，总以细长而灵敏的触角伸向前方作鞭状摆动，如这时触及一只蟋蟀，便迅速地以身体前面的两、三对步足抱紧，并以颚爪钳住它。这个小猎获物即刻就被麻痹，没有一点逃脱的能力。这时，蜈蚣就选择蟋蟀的腹部，以大颚齿咬破表皮，吃它的内脏、肌肉等软组织，10分钟左右便能吃完，仅剩下残余空洞的躯壳、翅膀和步足等。一条少棘蜈蚣一餐就能吃两只蟋蟀。我们也曾在实验条件下，观察一条93毫米的少棘蜈蚣能咬死一只鼩鼱。当它们相互遭遇时，蜈蚣能以迅猛的动作，使整个狭长的身体像一条带子一样把鼩鼱缠住，用各对步足牢牢地抓住它。这时，蜈蚣的颚爪就钳破鼩鼱头部的毛皮，一紧一松地活动着毒颚，不断地往鼩鼱头部注入毒腺的分泌物。被害者虽然一时尽力反抗，但被注入的毒液顷刻间使鼩鼱的身体发生抽搐而失去反抗能力。被咬破毛皮的伤口渗出鲜血，蜈蚣便贪婪地饮食着，经过半小时左右，这只活蹦乱跳的鼩鼱便被它致死了。

蜈蚣是典型的肉食性节肢动物，可以充当食物的昆虫非常之多。但是，在人工饲养条件下，也能以植物性的加工食物充饥。有关蜈蚣食物的报道已有不少资料，现将已报道的捕获物和供给的加工食物列于下表。

蜈蚣的捕获物和人为食物

类别		食物
动物	昆虫	蟋蟀、蝇类、蛆虫、蛾类、青虫、蜂类、蚱蚕、白蚁、蚁卵、甲虫、蝗虫、螳螂、蟑螂、稻包虫、金龟子、蜻蜓、板栗虫、蜈蚣和蜈蚣卵等
	其他无脊椎动物	蜘蛛、蠕虫、蚯蚓、蜗牛、蛞蝓、鼠妇虫、马陆等
	脊椎动物	蝙蝠、麻雀、鼠类、壁虎、蜥蜴、蛇、蛙等
植物		熟土豆、胡萝卜、椰子、苹果、植物的嫩芽等
其他		地霉菌、鸡蛋、牛奶、面包等

刘易斯(1966)曾作过 37 条野生蜈蚣胃内食物的检查，其中 29 条(占 78%)含有节肢动物的残体，而且大部分是昆虫的，主要是步行虫科和隐翅虫科的昆虫。他还指出，在它们胃内的食物中，也有属于蜈蚣属的残体，如蜈蚣的三角形气门等残体。这说明了蜈蚣在野外生活时，也有相互残食行为的发生。但是，没有发现植物的残余物。因此，可以想象，蜈蚣在人工饲养条件下吃食植物性食物是迫不得已的。这也告诉我们，蜈蚣的食性并非是不可改变的。

在室内饲养试验时，曾多次发现蜈蚣饮水。这说明关于它们在自然界里饮露水的说法是可信的。

（四）越　冬

长江中下游广大地区，全年月平均温度在 0℃以上，而在低于 10℃的冬季，则不利于蜈蚣的活动。在湖北省，11 月底（小雪后）蜈蚣便不再四处爬行，而是三五成群地潜伏在适宜于越冬的栖息地，进入越冬的准备阶段。

蜈蚣越冬的栖息地，多在向阳、避风、多石少土的山丘脚下的坡地上。1975 年 11 月份，作者在药用蜈蚣的主要产区之一湖北省随县进行了调查。这时，蜈蚣已潜伏在 30～50 厘米的深处，蛰居的个体平曲呈"S"形，或头部向内盘曲起来。两只触角由外向内卷曲，尾足并拢。当蜈蚣被挖出来时，它们虽受惊扰，但并不能迅速逃遁。在湖北省的长江以北地区，冬季也有冰雪封冻的现象，蜈蚣蛰居地下是它们迴避寒冷气候影响的有效方式。它们随着冬寒的加剧，潜入更深的土石间。但在湖北地区潜入土层越冬的深度，一般不超过 1 米。

七、蜈蚣的个体发育

蜈蚣是在母体的抚育下生长发育的。它由受精卵经过胚胎发育成为幼体，幼体经过 42 天左右，才离开母体营独立生活。这些蜈蚣的幼体，到冬季来临时，以蛰居的方式度过寒冬季节，到翌年春季出蛰后，再继续生长发育。幼体蜈蚣约经 3 年的历程，才达到性成熟阶段。由此可见，药用蜈蚣的生长发育是一个相当长的复杂过程。

海曼思(Heymens,R.)曾经对欧洲的束腰蜈蚣和达尔蜈蚣的个体发育进行过系统研究。他为我们对少棘蜈蚣个体发育的研究提供了参考资料。海曼思把上述的蜈蚣个体发育分成四个阶段:第一期——卵黄裂和胚层形成期;第二期——分节和器官原基形成期;第三期——器官形成期;第四期——身体增长和性器官成熟期。前三期都在母体抚育下，以卵黄为营养;至第四期，各种器官发育基本完成(性器官除外)，幼体蜈蚣开始脱离母体，摄取外界食物，并以此代替体内消耗殆尽的卵黄的营养，开始独立的生活。

蜈蚣卵的发生和形成，也是一个比较复杂的过程。当我们解剖蜈蚣的卵巢时，常常可以看到卵巢内壁有许多细小的白色颗粒，或者在许多充满卵黄的卵粒中，也夹杂着较小的卵粒。如果仔细把它们作一个统计，就会发现大批母体卵巢里，正在发育的卵数总要多于母体的产卵数目。这是一个耐人寻味的现象。成熟的卵粒要经历一个发生和形成的过程，而且一部分卵细胞没有最终形成卵。

1902 年，特尼希把唇足类剪刀石蜈蚣卵巢内的性细胞的发生发育过程归纳如下：

生殖表皮细胞

生殖细胞　　滤泡细胞

卵母细胞　　营养细胞

卵　　萎缩的卵母细胞

我们要加以简单说明的是：① 卵巢内壁的生殖表皮细胞是一类形态上没有显著差别的卵巢内壁的表皮细胞。② 如果发育成卵，它要经过生殖细胞至卵的过程，其中的卵母细胞一部分萎缩，另一部分卵母细胞形成具有丰富卵黄的卵子，即成熟的卵粒。我们认为，蜈蚣的卵细胞的发育也要经历这样的过程。母体的排卵数，总要比观察到的卵巢里的那些早期发育阶段的细胞数目少，甚至要少得多。我们曾计算过一个卵巢里有一百几十个生殖细胞，或是要进一步发育的卵细胞，而母体最高产卵量的记录仅为七十几个。

（一）受精卵的胚胎发育期

1. 卵黄裂和胚层形成期

当雌蜈蚣卵巢内成熟的卵粒排出体外时，在生殖腔内受精。因为生殖腔近末端两侧的受精囊内，贮存着雄性的精液，及时释放到生殖腔中，所以通过生殖腔而排出的卵，已是受精卵。其排出的卵粒含有大量卵黄，呈米黄色，表面有胶状液，使许多卵粒粘结成团，称为卵团。卵壳薄弱，壳内有卵膜，膜内充满富有营养的卵黄。

1978 年 7 月 21 日，在浙江省岱山县观察一母体排出的卵团，经过 4 小时后，将取出的 18 粒受精卵进行研究，其中 15 粒各有一个小而圆的胚盘。而整个受精卵的卵黄，已经形成许多个多面形的锥状体，这些锥状体被称为卵黄角锥体，用波恩氏液固定的卵膜表面，可以看到由角锥体底面形成的多边形网纹(图 7-1,A)。据海曼思记述，这时受精卵内出现两种细胞：一种是发生在角锥体之间，叫间插细胞；另一种是发生在卵粒中心，叫角锥细胞。在卵膜下面，不久出现的囊胚层，这是间插细胞外移到卵粒表层继续发生分裂而形成的。

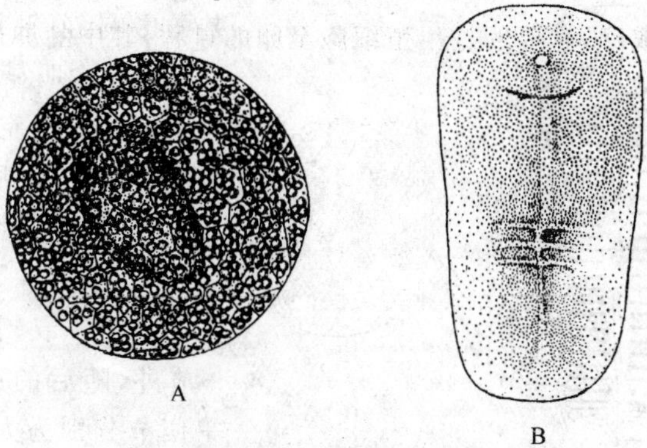

图 7-1　蜈蚣的受精卵和初期胚条(仿 Heymens)

A. 出现胚之原丘的卵，示胚之原丘与卵黄角锥体底面组成的多边形网纹　B. 未完成的胚条，已开始有模糊的口和体节

卵内细胞通过有丝分裂很快完成胚盘加厚，并分化出外胚层、中胚层和内胚层。在胚盘里发生的中胚层细胞，开始向两侧分离，同时胚盘向前伸展而形成胚条。由原先的胚盘变成的胚条后面的一部分和胚条正中线上，因无中胚层细胞侵入而呈现出一条窄长的纵沟，被腹膜覆盖着。这条纵沟的前端，有一轻微的圆形凹陷，它就是口部。随着胚条原基的增长，出

现了原始分节的迹象(图 7-1,B)

2. 分节和器官原基形成期

在图 7-1 中,可以看到海曼思曾经指出的初生胚条,囊胚层里已分化出中胚层,原肠和原肠两侧的胚条,已有口和前 3 个分节。据观察,受精卵发育到第十天,胚条分节已完成,共有 27 分节。从胚条前端观察,口已成新月状,口前两侧增加了粗大的触角原基;再观察胚条后端,它已有很明显的肛门,但还未出现巨大的尾节。在巨大的触角原基前面,已发生前触角原基。由于巨大的触角原基的影响,前触角原基这时并不太明显。触角原基后面有一空白,即触角原基与随后的另一原基之间的空隙之处,为间夹节,是非常不明显的一节。除上述 3 节外,随后的第一至第四节分别为大颚节、第一小颚节、第二小颚节和颚肢节;第五至第二十五节为有步足体节,即共 21 个有足体节。第二十六和第二十七节(即有足体节后的第二十二、二十三节)为生殖节(图 7-2,A)。至翌日,在第一触角原

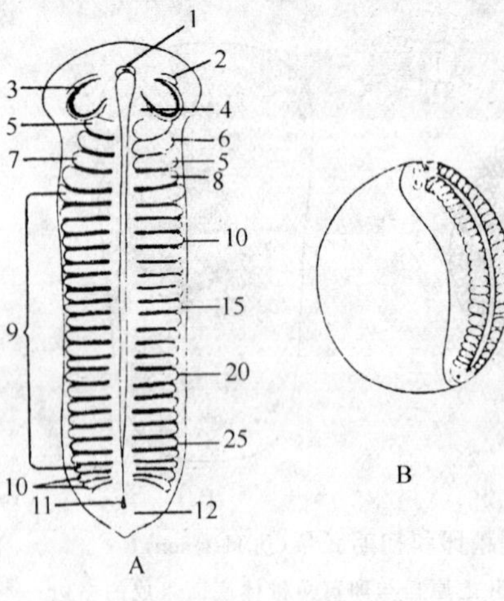

图 7-2 蜈蚣的胚条(仿 Heymans)

A. 未完全发育的胚条:1. 口 2. 前触角 3. 触角 4. 间夹节 5. 大颚节 6. 第一小颚节 7. 第二小颚节 8. 颚肢节 9. 第一至第二十一有足体节 10. 生殖节 11. 肛门 12. 尾节

B. 蜈蚣卵与未完全发育的胚条,各节尚未出现附肢原基

基的前面，已有明显的前触角节原基，在口前出现额板；并且各节原基上，分别出现各个附肢的萌芽。这时，肛门周围已有相当大的尾节，呈心脏形。在已叙述的胚条阶段，第二十六和第二十七节并不充分发育，也不消失，而隐匿在第二十一节和巨大的尾节之间（图 7-2，B）。

必须说明的是，成对的附肢萌芽把胚条的各节分成两部分；外侧的左右两部分愈合成背板，而内侧的左右两部分愈合成胸板。

3. 器官形成期

为了叙述与观察的方便，我们把海曼思所说的器官形成期，试分作如下的几个阶段。

（1）胚胎第一期　即胚胎形成初期。当受精卵发育到第十三天前后的时候，胚条各分节上的附肢原基明显增长。触角前移，与口并列在同一水平线上。前触角也由于触角前移被推向最前方，变得更明显。不成对的上唇的额板下缘变成片状，悬在口部。同时，在对生的胚条之间的腹膜横向伸张（图 7-3，A、B），最后使头、尾两端逐渐达到彼此接近。至胚胎的头、尾相触时，在卵的"赤道"处，即卵之横轴线上，卵膜叠成上、下两片而形成一条横沟，把大部分卵黄隔成上、下两部分。胚条外面的囊胚层，也同时随着迅速扩展，把整个发育的胚条和全部卵黄完全包裹起来，形成一层完整的胚皮。个体发育到这个时候，已形成胚胎（即胎，或胎儿）。当胚胎初步形成时，被包裹的卵黄仍然大部分呈角锥体状。从侧面观察胚胎，腹面左右两侧出现成串的神经节，但尚未移至腹面正中线上，更没有连合成神经索（图7-4，A）。

（2）胚胎第二期　即卵壳破裂和第一次蜕皮后的发育阶段。受精卵发育到约 15 天后，透过胚皮可以观察到，第二小颚

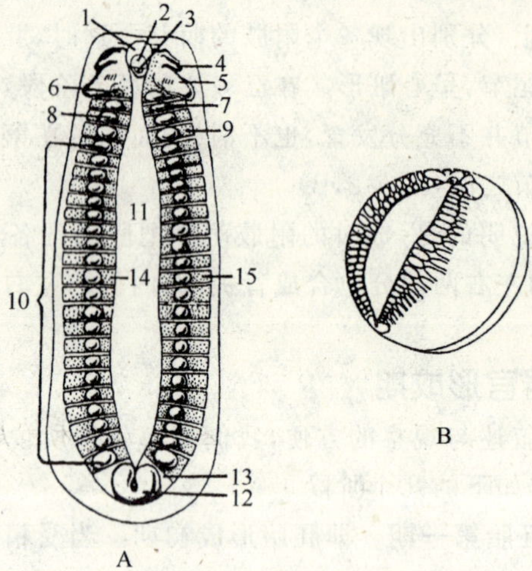

图 7-3　蜈蚣发育完全的胚条(仿 Heymans)

A. 胚条体节上出现附肢原基:1. 额板　2. 上唇　3. 口　4. 前触角　5. 触角　6. 大颚原基　7. 第一小颚原基　8. 第二小颚原基　9. 颚肢原基　10. 第一至第二十一步足原基　11. 腹膜　12. 尾节 13. 分裂区　14. 胸板　15. 背板

B. 蜈蚣卵与发育完全的胚条,胚条两侧已开始分开

胚芽基部外侧各有一褐色几丁质小齿,称为破卵齿。当卵膜限制了胚胎继续生长发育时,卵齿刺破卵膜,卵膜横裂成两半,一半盖着胚胎的上半部,另一半盖着胚胎的下半部。在卵膜裂缝中,可以看到暴露出来的胚胎的头、尾部。

在卵膜破裂后,彼此相触的头部和尾部渐渐分离开来,包在外面的腹膜上、下片之间也随着渐渐分开,胚胎中央为一圆形空隙,胚胎形成马蹄状。同时,触角和步足迅速增长,包在胚胎外面的胚皮开始脱离胚胎,完成第一次蜕皮。但是,这次蜕皮,不是由于肌肉收缩而主动完成的。这时的胚胎第一触角已

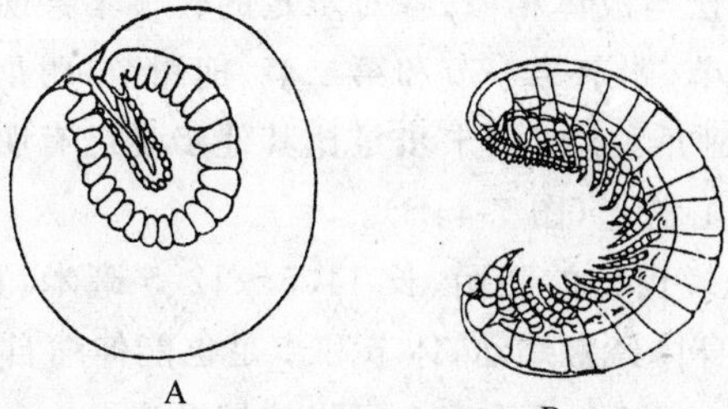

A　　B

图 7-4　蜈蚣的胚胎

A. 腹面两侧具有神经节的胚胎　B. 第二次蜕皮后的胚胎

分为 17 节，而其他附肢分节还不甚明显；最末步足也不比其他步足长大；胚胎末端的生殖节原基也不够发育(图 7-4,B)。

(3) 胚胎第三期　即第二次蜕皮后的生长发育阶段。第一次蜕皮后的胚胎，虽然头、尾两端越来越分离，但它们的体态仍保持马蹄形。俟产卵后的第二十一天前后，发生第二次蜕皮。

第二次蜕皮，是由头部开始，并因为这时胚胎已有能伸缩的肌肉组织，使身体可以蠕动了，但是蜕皮进行得非常缓慢。据初步观察，这次蜕皮常常需要 24 个小时(也许受到观察影响，会延长些时间)才能够完成。在蜕去的皮膜外面，却常粘着第一皮层和分成半球状的卵壳。

刚蜕皮的胚胎，仍呈马蹄状，白色，消化道内贮有大量的卵黄，使幼体的身体出现黄色。在幼体头部两侧的眼位上，先出现明显的眼丘，在各体节侧面气门的部位上各自出现 1 对下垂的半圆形突起。透过表皮可看出，每个眼丘上有 4 个单眼和体节气门的雏形。除第一触角早分为 17 节外，大颚尚发育不全，缺少几丁质齿，而且整个大颚还未嵌入头壳里去，暴露在下咽的两侧。但是第一和第二小颚，以及颚足的外形和它们各自的分节已与成体相似。各对步足的转节不甚明显，而前股节、股节、胫节、跗节第一节和第二节、前跗节（跗爪）却相当分明。跗爪无副爪。这时最末步足比其他步足已有明显的增长，但尾节仍呈心脏形（图 7-4,B）。

第二次蜕皮后的胚胎，长 11.5～12.5 毫米，宽约 2.3 毫米。弯曲的身体经常蠕动，体节和步足也能伸缩自如。马蹄形的胚胎经过一天后，几乎完全可以伸展开来。

伸展后的胚胎，全体呈乳白色，表皮尚未几丁质化。幼体的头部变得扁平，头板已与成体相似，已近于圆形。只有上唇上部已开始几丁质化而呈现淡黄色。上唇中缘尚无中间齿，这时大颚大半嵌入头壳内；在大颚游离缘上出现 5 个几丁质化的突起，代表大颚的有 4 个颚齿和 1 个毛叶。身体中部仍保持圆柱状的原始状态，但每个体节都可分出背板、胸板和侧板；在头板和第一步足体节背板之间有一相当显著的颚足体节的背板，至成体时，几乎完全退化。在各节侧板上的气门仍呈突起状，因有皮膜包裹，不与外界相通。尾节和头部一样，变得背腹扁平，并出现基侧板，但基侧板上尚无腺孔。而最末步足已伸向后侧方，在它的前股节上已有成体所具有的棘刺。

25 天后的胚胎，长约 18 毫米，宽约 2.5 毫米。透过表面的皮膜，可以观察到，背部的管状心脏的搏动。这个时候的胚胎在母体抚育下，正处在蠕动和自由活动的中间状态，母体仍以带状的身体环抱着它们。

(4) **胚胎后期** 即第三次蜕皮后，各体节气门已与外界相通，但仍处在母体抚育条件下，以体内卵黄作为营养的自由活动阶段。

在一次试验中，观察到由母体抚育的一窝胚胎，在产卵后的第三十七天发生第三次蜕皮；另有一窝，在第三十九天发生第三次蜕皮。

蜕皮的过程是，从头部额凹裂开的裂缝钻出头部和随后的体节，触角也由它们的基部向末端逐渐蜕皮。当蜕皮至第七体节时，触角和前面的步足已完全蜕露出来。尚待蜕皮的后面的那些体节在身体前后蠕动状态下继续蜕皮，最后蜕皮的是尾节和最末步足。有时尾节因皮膜折叠过厚，蜕皮更为困难，一直拖延到最后完成。

每个个体的蜕皮时间约需 1 小时；同一窝中几十个个体的蜕皮时间，虽然个体之间有早晚和快慢的差别，但在 24 小时内，全窝各个个体都能渡过这一蜕皮的阶段。

蜕皮前的胚胎，长约 20 毫米，宽约 3 毫米，而刚蜕皮的幼体，长 24～26 毫米，宽 2.3～2.5 毫米。显然，幼体体长的剧增，是由于蜕皮时纵向拉伸、横向变窄的结果。

这次蜕皮后，整体完全变得背腹扁平。头部的口器与体部的附肢（颚肢和步足）都发育完全，步足跗节已具有一跗刺，前跗节（跗爪）也发生了副爪。身体两侧的气门已与外界相通，可以通过气门、气管与外界交换气体。

第三次蜕皮后的幼体，体色灰白，头板前端有明显的额沟，4 对单眼还无黑色素，体节背板尚未呈黑褐色，体表几丁质层尚待加厚。幼体消化道内，第十至第十四节以后的中肠内，充满相当多的卵黄。这些幼体仍在母体周围，成群地自由活动；3～5 天后，即产卵后的第四十二天左右，单眼已有黑色素，由表皮几丁质加厚而呈淡黄色，颚肢与步足的跗爪呈黑色，这时幼体可离开母体而营独立生活。

离开母体的幼体，其中肠内的卵黄已变成乳糜状的消化物。这时可以开始喂食，它们已能贪婪地吃东西了。

（二）胚后发育期

1. 身体生长发育期

胚胎经过上述几个阶段已发育成为幼体；幼体外形与成体十分相似，而且各个器官（也包括体内的许多器官）都已具备。但是，它们的性器官尚未充分发育，不能生殖。因此，我们称它为未成体。未成体的营养供给不再是卵黄，而是要依靠幼体自行猎获自然界的食物为生，以加速促成身体生长和性器官向成熟阶段发育。

由未成体到成体，以至性成熟后的成体，还需要伴随一系列的蜕皮现象。蜕皮是节肢动物生长发育过程中的普遍现象，因为它们受到几丁质外骨骼的束缚。即使发育完成后，还需要继续生长。这样的生长过程就要以蜕皮方式解脱外骨骼的束缚。下面以蜕皮先后为序，叙述少棘蜈蚣未成体的生长发育情况。

(1) 第一次蜕皮　以少棘蜈蚣于 6 月下旬的产卵孵化为例，它在 8 月上旬完成孵化，再经过胚胎发育阶段后，脱离母体营独立生活。根据作者 1978 年 8 月 3 日的观察，它们的第一次蜕皮最早发生在当年（即第一年）9 月 6 日，即独立生活后 34 天。但作为一个家族群来说，蜕皮盛期发生在第三十八天，最迟的蜕皮是在其独立生活后 48 天。蜕皮后，体长最小的 33 毫米，最大的 34 毫米，平均体长 33.5 毫米（20 条），平均增加体长 8.5 毫米；而体重最小的 11 毫克，最多的 16 毫克，平均体重为 12 毫克，比脱离母体时增加 7 毫克。

(2) 第二次蜕皮　这次蜕皮，是在独立生活后的第 65 天。蜕皮盛期出现在同年 10 月 21 日，为独立生活后的第 69 天。最末蜕皮的时间为第七十五天。此次与第一次蜕皮的幼体比较，平均增加体长13.5毫米，平均增加体重22毫克。第一次蜕皮至第二次蜕皮的间隔期为27～31天。

(3) 第三次蜕皮 未成体经过上述的两次蜕皮后，要经过第一个越冬期，长达半年的蛰居生活，使未成体的体长、体重都略有下降。当它们出蛰后，即翌年的4月30日，也就是它们独立生活后270天的时候，测定未成体的体长平均为45毫米，体重为33毫克。随着春季气温逐渐升高，未成体日趋活跃起来。在浙江省舟山群岛，这些未成体在4月下旬开始摄食，体重也随着回升和增加。

第三次蜕皮的最早记录是翌年的7月3日，也就是独立生活后334天。以5条未成体作为一个家族群的代表，计算它们第三次蜕皮的发生时间，平均为独立生活后336天，可见它们此次的蜕皮日期还是比较集中的。将第三次蜕皮后的体长、体重与第一年第二次蜕皮的记录比较，平均增加体长8毫米，体重8毫克。此时的未成体体长为55毫米，体重为42毫克。与第二次蜕皮的间隔期为262～269天。

(4) 第四次蜕皮 最早蜕皮的时间发生在独立生活后的369天，到380天时，5条试验未成体完成第四次的蜕皮，共用了12天。与上述第三次蜕皮的记录比较，平均增加体长8毫米，体重28毫克。此时的未成体体长为63毫米，体重为71毫克。与第三次蜕皮的间隔期为35～42天。

(5) 第五次蜕皮 最早蜕皮的日期发生在9月29日，即独立生活后422天，最晚蜕皮的时间在独立生活后436天。5个试验的个体，在15天内才全部完成蜕皮；与上述的第四次蜕皮的记录比较，平均增加体长10毫米，体重30毫克。此时的未成体体长为73毫米，体重为101毫克。与第四次蜕皮的间隔期为53～56天。

（6）**第六次蜕皮**　第五次蜕皮后，经过第二个越冬期，未成体从冬蛰状态中复苏时，已进入生活历程的第三年。第六次蜕皮就发生在这一年的夏季，即独立生活后703～738天。在此次蜕皮中，各个试验个体蜕皮的日期很不集中。从第一个蜕皮开始至最后一个蜕皮结束，需要35天的时间才能完成；最早的蜕皮日期与最迟的蜕皮日期相差1个月零5天的时间。与第五次蜕皮的记录比较，它们平均增加体长11毫米，体重154毫克。此时的未成体体长为84毫米，体重为254毫克。与第五次蜕皮的间隔期为281～302天。

（7）**第七次蜕皮**　也发生在第三年，即独立生活后的第779～808天。这些个体在29天内先后完成蜕皮。与第六次蜕皮的记录比较，它们平均增加体长11毫米，体重46毫克。此时的未成体体长为95毫米，体重为300毫克。这次蜕皮与第六次蜕皮的间隔期为70～76天。

（8）**第八次蜕皮**　第七次蜕皮后，未成体要经过第三个越冬期，在第四年的秋季，即将性成熟的未成体发生第八次蜕皮。这次蜕皮发生在独立生活后1 139～1 142天。此次蜕皮时，上述的5个未成体总共仅用3天时间即全部完成蜕皮。这是第二次较为集中的蜕皮记录。它们平均增加体长11毫米，体重63毫克。此时的个体体长为106毫米，体重为363毫克。与第七次蜕皮的间隔期为334～360天。

随后的试验证明，母体在营独立生活的第五年开始第一次产卵。因产卵前的性行为迄今还没有观察到，只好以母体产卵作为性成熟期的主要依据。

2. 性成熟期（成体期）

第八次蜕皮后，要经过第四个越冬期，它们进入第五年，在这年的夏季，母体开始第一次产卵。母体的产卵日期为幼体独立生活后 1 430～1 455 天。已如上所述，产卵孵化是个体发育达到性器官成熟期的有力证据。这时母体纳精囊可以贮存雄性成体的精液，假如上一年秋季交尾而已纳精，也有经过越冬期到来年产卵的可能性。

母体产卵后，继续发生蜕皮现象。成体蜕皮只是因为成体继续增长身体而引起的，与伴随未成体生长发育的蜕皮现象的意义不同。前者是物种个体发育达到成熟，进行繁殖遗传的生物学现象（质变的过程）；后者是有机体吸收营养，身体增长的结果（量变的必然现象）。

（1）成体第一次蜕皮 即胎后的第九次蜕皮。在第五年夏季产卵孵化的母体，到秋季时发生成体第一次蜕皮，即发生在独立生活后 1 481～1 528 天。与未成体的第八次蜕皮的记录比较，它们平均增加体长 11 毫米，体重 67 毫克。此时成体体长为 115 毫米，体重为 385 毫克。与未成体第八次蜕皮间隔期为 342～384 天。

（2）成体第二次蜕皮 在成体第一次蜕皮后，要经过胎后第五个越冬期，产卵的母体进入第六年。这一年的夏季，母体进行第二次产卵孵化。第二次产卵发生在独立生活后 1 789～1 811 天。在第二次产卵后的同年秋季，发生了成体第二次蜕皮，即在独立生活后 1 842～1 866 天。与上述成体第一次蜕皮的记录比较，它们平均增加体长 9 毫米，体重 144 毫克。此时成体体长为 126 毫米，体重为 522 毫克。与成体第一次蜕皮的间隔期为 327～361 天。

成体第一次和第二次蜕皮后的体长和体重变化表明，蜈蚣和其他动物一样，如果条件可能，成体阶段仍能继续生长（衰老阶段除外）。

成体第二次蜕皮后，再经过第六个越冬期，母体进入第七年。在这年的夏季进行第三次产卵。这次产卵发生在独立生活后2 161～2 169天。据试验观察，虽然母体能进行第三次产卵，但不易完成孵化与抚育的阶段而衰亡。它们的寿命由开始营独立生活至衰亡，共2 162～2 772天。如果从产出受精卵开始算起，经过胚胎发育和胚后发育，由未成体到成体，直至衰亡，再加上独立生活前的42～45天的天数，蜈蚣的一生计2 204～2 817天的寿命。它们的最大平均体长为130毫米。

母体在它临近衰亡的时候，对外界反应迟钝，行动缓慢无力，食欲大减，不喜欢摄食。母体在衰亡后，体壁薄而背板失去光泽。

经过调查观察，蜈蚣生长缓慢。由野外的自然群体组成的测算，其群体的年龄组成与体长的关系大致是一龄蜈蚣的体长为5厘米，二龄7厘米，三龄9厘米，四龄11厘米，五龄12厘米，六龄13厘米。体长13厘米的蜈蚣在野外是极少见了。所以蜈蚣的寿龄一般是五龄，少数的可达六龄。按药用蜈蚣商品的规格，小条为二至三龄，中条为三至四龄，大条是四至五龄的蜈蚣，要由蜈蚣卵子养成一条商品蜈蚣至少需要2～3周年。养殖生产周期很长，这是人工养殖经营的一个不利的因素。

八、蜈蚣的生殖行为

作为一种动物的种群，以它们的年龄分配，可以分成为繁殖前年龄、繁殖年龄和繁殖后年龄，但这3个年龄期的相对长短却有很大的变化。唇足类的蜈蚣和昆虫很相似，繁殖前期特长，而繁殖期却很短，尤其是繁殖后期，几乎是没有的。如我们曾经试验观察的少棘蜈蚣，繁殖前期约4年，而繁殖期仅2～3年，并且第三年产卵的母体常常因孵化未能完成而即衰亡，有的母体未能活到第三次产卵就死去了。据说，也有的母体产卵4次或5次，即它的繁殖期为4年或5年，其繁殖后期也是很短促的。

少棘蜈蚣的死亡，恰恰发生在它还在产卵或还能产卵的时期，这说明这种死亡是生态寿命的终点，而不是生理寿命的结束。在前面章节里介绍了多棘蜈蚣一般成体的最大体长可达155毫米，但是在湖北省宜昌市发现1条老态龙钟的雌性多棘蜈蚣，其体长为240毫米，比此种记录的最大体长还多85毫米。这个特大体长的雌性蜈蚣，可能已越过繁殖年龄期，正在进入繁殖后期。

（一）求　偶

多足动物是一种较为低等的陆生节肢动物，它们的求偶行为并不是直接交尾。如综合类，雄性先产出精胞置于地上，再由雌性拾取并放入纳精囊内。所有唇足类动物也都不是直接交尾，而是以间接方式进行的。雄性的精子借助于精胞而转移到雌性体内，尔后由雌性体内的纳精囊贮存精液。精胞是在雄性生殖道内形成的。

石蜈蚣和地蜈蚣的精胞只有一层薄膜。而蜈蚣的精胞却是很复杂的，它的外膜很厚而内膜很薄，并深陷在精子团块里面，凹进去的地方有一裂缝，并与外膜的开口相通（图 8-1）。在大压力下，精胞凹入的内膜翻出来，钻入雌性生殖道内，接着精子被释放出来。

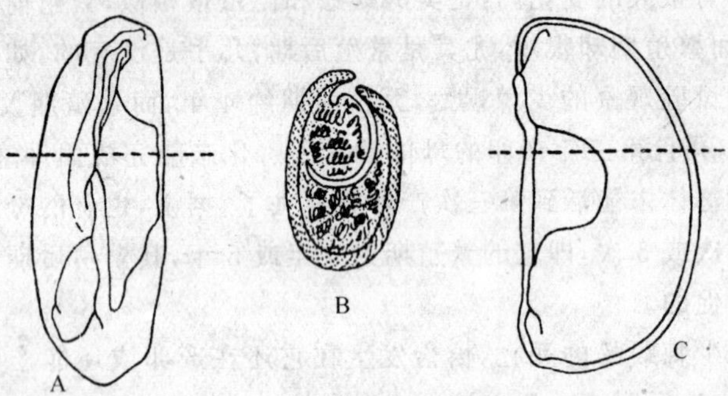

图 8-1　蜈蚣的精胞

A. 正面观　B. 横切面　C. 侧面（虚线表示切面）

如石蜈蚣，当它求偶时，追逐雌性；雄性产出精胞，并有一些丝网把精胞支撑在地面上；雄性以产出的精胞控制雌性；雌性利用它的生殖肢抓住精胞（图 8-2）。虽然我们在蜈蚣的雄性成体的生殖道内发现了精胞，也在雌性成体的贮精囊内发现已贮有精液，但是迄今为止，还没有观察到它们求偶的方式。我们可以猜测，蜈蚣的求偶方式与石蜈蚣的基本相同。不过，石蜈蚣目雌性都有显著的生殖肢，可以用生殖肢拾起雄性安置在地上的精胞。而蜈蚣目雌性却无生殖肢。雌性蜈蚣是如何拾取精胞和对雄性蜈蚣的精胞施加压力的，这还有待于进一步的观察与研究。

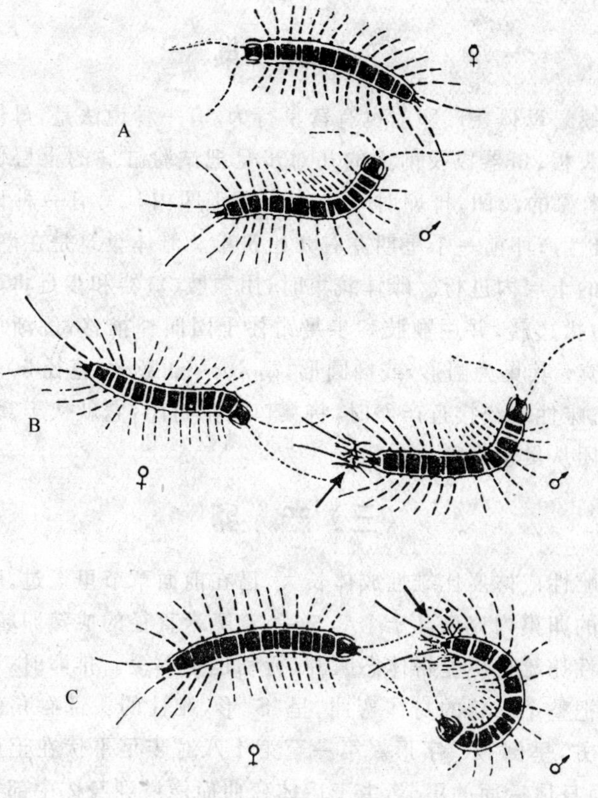

图 8-2 剪刀石蜈蚣以精胞传递精子的主要过程

(箭头指示为放置精子的网)

至于蜈蚣属的求偶季节也无从定论,有人说它们发生在上年的秋季,或是在当年产卵前的春季或夏初季节。如果根据石蜈蚣的精子发生是在较高的温度(24℃)条件下,可以猜测它们的求偶发生在温暖季节,而交尾月份与地理气候分布的温度有密切关系。如热带与温带的气候分布对蜈蚣的求偶交尾会有显著的影响。

（二）筑　巢

蜈蚣母体在产卵前也有营巢行为。有一种说法是，母体以它的头板、口器以及前面的几对步足把试验缸底的土层做成1厘米深的浅凹，排卵时母体将头置于凹内。另有一种说法是，雌性产卵前一个星期左右开始筑巢。雌体巢筑是在潮湿、松软的土层内进行。雌体筑巢时，用颚肢、口器和步足将土扒松，边扒边转，并用颚肢和步足钳住土团向外推移，逐渐形成一空窝。其巢为圆形，或椭圆形，高40～50毫米，直径50～55毫米。雌性蜈蚣接近产卵时，将巢口周围封闭，它就伏于窝中，用土团从巢里面将巢封闭。

（三）产　卵

雌性成体要比雄性成体长大，已在前面章节里谈过。临产母体的卵巢内充满几十个3.5～4.0毫米直径的成熟卵粒，因此雌性比雄性更显得体态臃肿，行动也很迟缓。排卵时，母体自行把整个带状的身体弯曲，呈"S"形，雌性的头部触角斜向前上方，呈倒"八"字形。第一至第十八对步足平伏在土层表面，而身体后面的尾节，由于后体弯曲而能搭到身体中部第八或第九背板上，尾节的尾足高高翘起，因此尾节后端的肛生殖区悬在第八或第九背板上（图8-3，A）。

排卵时，生殖孔不断扩张与收缩，随即向外推移卵粒，生殖孔内的软皮向外翻，使卵粒落在被确定的背板上。一个卵粒从生殖孔内开始显露到脱落下来，生殖孔要经过四五次收缩，而尾足也跟着活动，约需半分钟排出1粒。一个卵粒被排出后，约有二三分钟的间歇时间，再产另一个卵粒。进入排卵后

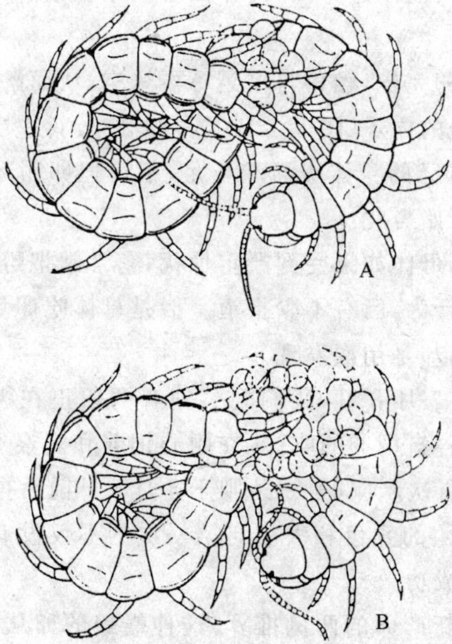

图 8-3　少棘蜈蚣的产卵

A. 排卵时的状态：触角悬空伸向前上方，尾足翘起，卵脱落在第八或第九背板上　B. 排卵毕的状态：触角不再悬空，尾足也不翘起，恢复了平静状态

期，其间歇时间还要长些。整个产卵的过程，在观察条件下，要3小时左右。与蚰蜒（钱串）产卵相比，蜈蚣的排卵时间要长得多。蚰蜒只需花费几分钟的时间就能完成。而蜈蚣的排卵，也可能因人们观察的干扰而有所延长。

卵，呈淡黄色，它的表面有粘性，刚排出的卵粒与已脱落的相触，即刻粘在一起。由于母体排出的卵粒不断加多，卵团相继增大。这时母体翘起的尾节相应地举得更高。举得最高时，离背板表面1.0～1.5厘米。母体在排卵间歇时间，高翘的尾节有时下沉而压迫卵团，使卵团不至于积累过高，并使整个卵团前移。

母体排卵完毕，触角与尾足不再悬空，从而解除了紧张状态，恢复平静的样子（图 8-3，B）。再经 20 分钟左右，母体巧妙地翻转，以自己的身体腹面和步足，很快把卵团环抱起来，就这样，母体开始孵化。

孵化时，母体如果受到严重惊扰，它常常把孵化中的卵团吃光。这种行为，已有不少报道。但是母体吃卵后，又有重新产卵的现象，却是初次发现。

1978 年 7 月 8 日，我们观察到有两条正在孵卵的母体，因被惊扰而各自把卵团吃光。在耐心饲养和观察下，其中一条于 8 月 4 日再次产卵，另一条则于 8 月 7 日前后重新产卵。第二次所产卵团的颜色和大小与第一次的不仅没有差异，而且还能再孵化成功。

根据重新产卵的两例推算，这种蜈蚣的卵从生殖细胞形成到再次排出成熟的卵粒，其发育过程为 26～30 天。

我们把重新产卵的现象与短促的繁殖期（一生只能产卵 2 次或 3 次）放在一起分析研究，认为此种蜈蚣重新产卵是它加强延续后代能力的本性。

（四）产卵期与产卵量

蜈蚣产卵的繁殖时期，一般在每年的 6 月下旬开始，最迟到 8 月上旬结束。蜈蚣产卵的旺期在 7 月上旬和中旬。此时体长 11～13 厘米的 4～5 龄以上的雌性个体，身体显见粗壮肥厚，体色鲜艳，光可鉴人，由于卵巢的发育，在第五体节以后愈向身体后部变得明显的宽大。在临产卵前 1 周左右，会在瓦片或石块下面的泥土中挖掘一个直径 6 厘米，深 1.5 厘米的小窝，临产蜈蚣就盘曲于窝内，多数蜈蚣多在黎明时产卵。但在一天中的其他时间，也有不少产卵的，所以蜈蚣在产卵的时间上，并没有严格的定规。蜈蚣的卵子由泄殖孔逐个产出，其卵子为淡黄色，直径为3毫米左右，微呈椭圆形，卵膜为一层较薄的皮质，除极微量的细胞物质外，卵内都是供胚胎发育的卵黄。在卵外披有一层粘液，以后粘液就将卵粘集成团。蜈蚣一次可产卵多数在60粒上下，少的也有产20～30粒的。产卵完毕，蜈蚣把卵子集成一团，怀抱于身体前部的腹面的步足之间，完全悬空，不和泥土接触。卵子怀抱在母体步足间不时地进行翻动，同时还可以经常看到雌蜈蚣用口舔舐卵面，并清除外物。这时，如果把卵团与母体分离，把它移放在消毒器皿中，卵子受自身的重力作用，就会受压而变扁，虽经消毒杀菌，不出三五天，卵面就会发生霉菌，卵子随即变质霉烂。

蜈蚣卵子经过20天左右，就开始孵化。蜕去卵膜和胎皮，孵出的蜈蚣幼体，呈乳白色，如蛆虫状，身体两端较尖，中部粗壮浑圆。孵出后，雌蜈蚣仍紧紧地把卵成团抱在足间，幼体很少活动。经过25～30天以后，幼体进行第二次蜕皮，其体形就与成体相似，体色仍为乳白色，身体中段稍为肥胖。经过35～40天左右，进行第三次蜕皮，其体形与成体完全相同，体色为灰黄色，活动力增强，不再紧密抱成团，而是松散地集中在母体腹面。这时，幼体就可以与母体分离，经营独立生活了。母体由于产卵后，又经过长期抱卵，体力消耗极大，有相当数量的个体在产卵后虚弱死亡，也有部分能继续存活。

蜈蚣在抱卵过程中，在人工养殖条件下，经常发生吞食卵团的情况，母体把卵团全部吞食的现象，一般出现在5～10天之间，多数发生于第七天。经过几年的观察，发现母体吞食卵团的原因：一是在母体抱卵时受到惊扰，如在观察时，受到搬动、碰撞以及光线骤变，都可能发生吞食情况。二是在自然条件下，蜈蚣产卵都是在十分隐蔽的场所，往往环境稳定湿度高。在人工饲养的状态下，由于外界条件变化多，蜈蚣产卵又值盛夏，气温高，水分蒸发快，管理稍一疏忽，就会发生湿度不足而使母体吞食卵团的情况。三是蜈蚣产卵时，体内大量营养物质转化为卵子的养分，消耗巨大，母体又不饮不食而长期抱卵，要依靠其体内积累的养分维持。当母体体力不支时，就会发生吞食卵团的现象。一个卵团卵数平均多为50～60粒。但是母体孵出的幼体平均为30～40条，与卵数相差达1/3。这些短少的卵数就是被母体在抱卵时陆续吞食掉的。上述的情况，在自然条件下一般都不会发生。在养殖时就成为必须改善并亟待解决的问题。

（五）性细胞发育与温度等条件的关系

在唇足类动物中，卵的发育情况既受内在条件，如生理、生化（激素等）的影响，也受外在条件，如温度、湿度等的影响。赫鲍特（1975）曾以剪刀石蜈蚣做过温度与卵发育关系的实验。其结果如下表。

表 8-1　温度与卵细胞发育的关系

实验模式	卵黄发生			成熟		
	正常	有影响	缺少	正常	有干扰	缺少
5℃	15	1	1	15	0	2
12～15℃	22	1	0	22	1	0
18～20℃	2	7	7	6	1	9
24℃	0	0	17	0	1	16
幼　体	0	10	4	5	0	9

从上表可以看出，此种石蜈蚣卵细胞的卵黄发生和卵粒的成熟所需的外界温度为12～15℃，只有在上述温度条件下，卵细胞才能得到正常发育而成为成熟卵。而在18～20℃和24℃条件下，卵细胞都不能正常发育。

精子的发生，常因低温而妨碍精子发生的循环过程。反之，在较高的温度下，特别是在24℃时，精子发生就加快。

因此，夏季此种雄性石蜈蚣在地面上层是很多的，一般为75%～80%；而其雌性石蜈蚣则较少，只占20%～25%。但是在冬季，这个比例就颠倒过来，雌性在地上层的很多，占70%～75%，而雄性则较少，约为25%～30%。据此，可以联想到，药用少棘蜈蚣的卵黄发生和卵成熟可能与温度亦有密切的关系，两性的分布因季节气温的变化，也可能有雌雄两性空间分布的差别。

九、药用蜈蚣的人工养殖

野生蜈蚣的栖息地，主要分布在不适宜于高度耕作的丘陵山地。而适宜于农业用途的平原与湖区，早已改变了适合于蜈蚣的生活环境，不再是药用蜈蚣的商品产地了。过去“种蜈蚣以为田”的经营管理方式，很早以前就被农业经营取而代之了。近十几年来，浙江野生蜈蚣的商品产地——嘉兴地区，由于采用了在桑树田间套种作物的高效耕作方法，使蜈蚣栖息的树行间隙日益减少，这是使当地药用蜈蚣商品产量逐年下降的主要原因之一。我国原野生蜈蚣的商品基地浙江省嘉兴地区，从 1964 年前的年产量 250 万条，下降到 1976 年只有 1.5 万条，为一般年产量(250 万条)的 0.6%。

由于野生蜈蚣是大型捕食性的陆生节肢动物，它们在生态系统内的生产与消费的四级结构中，占据较高的等级。生态系统的营养水平分成四级：第一级是以自养生活的绿色植物为主体；第二级是由草食性动物所构成；第三级是以草食性动物为食的动物所构成；第四级是以肉食动物为食的动物所构成。这个营养结构由下到上形成一个金字塔形，即所谓生态锥体。以某一栖息地的生物群落的种群数量而论，第一级营养水平的植物种群数量最多，而以植物为基础的异养动物却要少得多；第三、四级营养水平的动物种群数量更少，因为它们的种群数量在自然界的生物群落中要受到能流规律的支配。虽然多数动物不是固定在一个等级的营养水平上，如药用蜈蚣在养殖试验中，也吃些人为的食品，但它也应属于第三级营养水平的动物。因此，药用蜈蚣在自然界中受到营养水平的很大限制，个体数量是不会很多的。

在丘陵山地野生蜈蚣的商品产区，一个劳动日捕获量的最高记录也只有20～30条。在浙江省岱山市境内的各岛野生蜈蚣与山林面积的调查结果也表明，单位面积667米^2(1亩)的商品产量(条)也是十分有限的。

表9-1　野生少棘蜈蚣的商品产量与山林面积的统计

(1972～1977，浙江)

岛　　　名	岱山岛	长涂岛	鱼山岛	大衢岛
山林面积(667米^2)	38 917	44 094	4 582	32 669
平均年产量(条)	553 356	165 765	75 314	840 325
单位面积产量(条/667米^2)	14.22	3.76	16.44	25.72

从表9-1可以看出，岱山市的4个岛屿中，长涂岛为药用少棘蜈蚣最少，单位面积产量为3.76条/667米^2(1亩)，最多的是大衢岛，单位面积产量为25.72条/667米^2(1亩)，而一般产量约为15条/667米^2(1亩)。

全国蜈蚣野生资源的年产量，已由解放初期的几百万条提高到现在的2 000万条。药用蜈蚣之所以能成倍地递增，其主要原因是不断扩大蜈蚣商品的收购地区。如果以某一地区的现有产量为基数，再成倍地增加，那将是个难题。据浙江省岱山镇志的记载，明清年代，每年的产量不下几十万条，假定当时至少年产50多万条，而已知现在的年产量为200万条；那么，这个传统产地经过这样长的一个历史阶段只增加了4倍。由此可见，要想在短期内再成倍地增加产量，可能性是很小的。

20世纪70年代以来，野生蜈蚣的人工养殖逐步开展起来，这是探求增加种群数量的一种途径。由于人工养殖显示出其明显的经济效益，因此药用蜈蚣的人工养殖引起了人们的兴趣。在湖北、浙江、河南和广东等省都先后开始了人工养殖试验，经过了一段坎坷的历程，取得了不少经验。目前，除药材经销机构继续试验外，许多地方的专业户也正在开展这方面的工作。

人工养殖药用蜈蚣是把野生蜈蚣家化。实践证明，人工养殖蜈蚣有很大的潜力，但也有一些问题，要把这一巨大的潜力充分挖掘出来，需要继续深入地进行研究。

药用蜈蚣人工养殖的实践，已经使我们认识到，母体抱卵（或称孵化）、抚育的行为，能在正常情况下保证下一代生长发育的安全，这对开展人工养殖十分有利。养殖独立生活的幼体首先需要有一块适宜的栖息地——人工模拟的小生态环境。人们可以用砖和土建造多层的空间灶，以供它们“居住”。这种垂直利用空间的养殖方法，要比自然界中野生蜈蚣平面分布空间利用率提高几十倍。其经济效益自然要比平面养殖高得多。

野生蜈蚣的活动，受季节变化的支配，在四季温差分明的温带地区尤为明显。从农历霜降（10 月 23 日或 24 日）以后，气温下降到 10℃以下时入蛰（11 月底），直至翌年惊蛰（3 月 5、6 日或 7 日）后开始复苏，大约有长达 5 个月的蛰居期，使蜈蚣既不取食也不生长。在人工养殖条件下，人工控制小环境的温度和湿度，使它们晚些入蛰、早些出蛰，可以使蜈蚣延长 3 个月的生长发育时间。例如，在小环境的周围设置简易的保温设施，铺盖一些稻草等，既可透气，又能保温，并继续供给它们食物等等。这样，蜈蚣生长发育的时间将由一年中的 6 个月再增加 3 个月左右。

（一）养殖池的建造

1. 地点的选择

药用蜈蚣养殖池的地点，应选择在向阳的坡地，既可以避免雨季积水，又可以避免冬季北风直接吹打，以保证有较温暖的小气候。

2. 养殖池的一般构造

常见的养殖池为长方形，池面积的大小可根据具体情况选定。底部最好用砖砌，并用水泥和沙弥缝；砖底渗水能力强，要比用水泥铺底好。池子的围墙用砖砌成后，池内填充一层"生土"；在土层表面的围墙内壁，用水泥抹平后镶嵌玻璃或张贴塑料薄膜。这样附加表面光滑的材料，是为了有效地防止池内蜈蚣攀缘池壁而逃散。因此，在镶嵌每块玻璃或张贴薄膜的接缝时，必须精工细作。否则，蜈蚣即使不能爬上内壁的光滑面，也可以用它成排的一侧步足，攀住粗糙的纵行接缝逃到池外。

养殖池内的"生土"，应为不含大量农家肥的土壤，这种土比较纯净，含病原物少，不易引起池内污染。民间有人在池内土层里添加牛粪等肥料和一些鸡毛与鸡骨头，用以生虫，作为蜈蚣的食物。其实，这样做并不是好办法，因为添加的这些东西，不是蜈蚣所必需的营养物，反而为微生物（如细菌和霉菌等）的孳生创造了条件，有碍于池内环境卫生，容易造成污染。蜈蚣的黑霉病就与环境污染有关。

镶嵌玻璃内壁的高度需达30～40厘米。目前养殖池围墙的高度（即高出池外地面池墙的高度）有的设计为40厘米，有的高达75～100厘米；养殖者之所以成倍增加围墙的高度，是为了防止老鼠侵入。

有的养殖池，池内围墙四周设有一道宽 15～20 厘米的投食圈，并在投食圈的外围开设 1 条宽 12 厘米、深 1.5 厘米的浅水沟，以给蜈蚣提供取食饮水的地方。浅水沟还是防止蜈蚣外逃的设施。

另外，还可以采取室内缸桶养的方式：取高 1 米、宽0.5～1.5 米的内壁光滑的水缸或塑料板，底部放松土 5～10 厘米，再可视投种的多少放上瓦片、石块若干。需注意，瓦片必须离开内壁 15 厘米以上，以免蜈蚣攀爬逃逸。

3. 栖息床的构筑

过去的做法只是在围墙内堆些土块，后来改用残砖碎瓦堆积在池内，作为蜈蚣的栖息床。最近才有用整砖砌成较正规的蜈蚣巢——栖息床。这是一个较大的改进。

在一个养殖池内构筑立式巢，可同时采用两种构造形式：一个是全卧砖式；另一个是卧-立砖式，如图 9-1A、B 所示。但据试验观察，蜈蚣夜间离巢外出活动的个体数量，从以上两种巢的构造形式看是有明显的差别，即从全卧砖巢出来的显然很多，而从卧-立砖巢出来的就很少。据推测，这可能与两种巢的结构形式的利用面积不同有关。因为全卧砖巢的有效利用面积大，且平卧省力、安全，故居住者多，而卧-立砖巢有效利用面积要小得多，纵向空间只可爬行，不宜居住，这是居住者少的缘故。因此，构筑立式巢时，以采用全卧砖式为宜。

因旧式巢要求的成本较高，为遮阳、挡雨和防鼠等需要一些附加设施。因此，又设计了一种成本较低，不用附加其他设施的新式巢。

这种新式巢的横切面呈塔形，以砖和坯为材料，在结构上采用平卧砖式，如图 9-1C 所示，外面用砖块(24 厘米×12 厘米×5 厘米)，内部用同等大小的土坯，可砌成大小不同的和

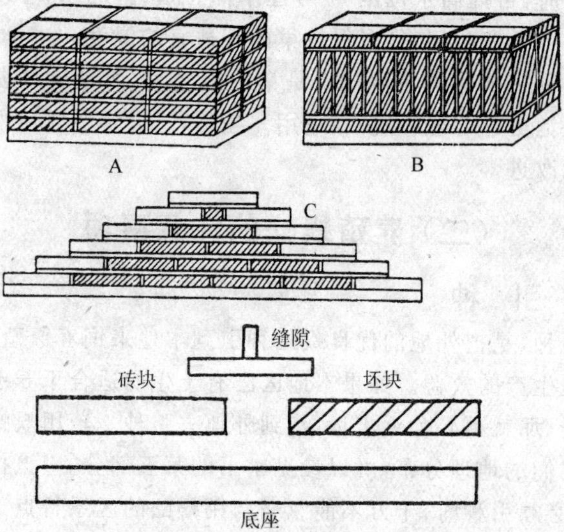

图 9-1　立式蜈蚣巢(示意图)

A. 全卧砖式　B. 卧-立砖式　C. 砖坯平卧式

多层的立体巢。用砖砌成的外层不怕雨淋,狭窄的缝隙约 1 厘米,可供蜈蚣出入,又可防止鼠类侵入。内部用土坯砌成,不仅成本低,而且隔热性也好。在降温季节,蜈蚣可以由外向内,或由上向下移动,聚集在巢的底部。冬季来临时,还可以用稻草等铺盖在外面。越冬时,可再在外面铺盖保温物。这种塔形巢可大可小,如在户外大批养殖,要大一些为好。

为了降低成本,可不采用玻璃装置防止蜈蚣逃散,而是可以采用水沟方法。在用砖砌墙时要在底部用水泥抹缝,再铺一层砖,不要抹缝,以便通气或通水。这种构造方式称为立式巢的底座。在底座四周修筑沟渠,深约 10 厘米(相当两层砖的厚度),宽约 12 厘米。沟渠外侧和底部用水泥挂里,以便蓄水,控制水位,防止蜈蚣外逃。通常把水深控制在 5 厘米左右,在春季干旱时，可提高水位至7～8厘米深。水沟里的水，可以流入底座的各条缝隙间，借以保持巢内有适宜的湿度。

这种塔式巢的主要优点是巢内容量大，而且比过去修建的养殖池更趋合理、经济和适用。当然，还需要在应用中进一步加以改进。

（二）养殖蜈蚣的注意事项

1. 引　种

引种，是把外地的优良蜈蚣种引到本地来饲养繁殖，以提高养殖生产的效益。如果本地区已有土生的适合于养殖的优良种类，那就不必舍近求远，跑到外地去引种。药用蜈蚣的种类和它们的地理分布，可以参见本书的第五部分。应该指出的是，在必须引种时，千万不能忽略药用蜈蚣的区系特点。如果把分布在热带和温带之间的暖温带药用蜈蚣种类引到寒温带去饲养，就难以避免要失败。例如，东北有些地方从湖北引种到吉林养殖的，就未获成功，这就是引种失败的典型例子。

引种或捕捉当地野生的蜈蚣放入养殖池前，最好先有一个暂养阶段。可用一些家常容器暂养，但需注意加盖防逃。分出大小，仔细观察大小分组的个体是否合乎养殖的标准。其养殖标准是：虫体要完整，无损伤；体色要新鲜，背面光泽好；活动正常，能取食，还可从中挑选体长在10厘米以上的蜈蚣，作为繁殖的对象。10厘米以下的小蜈蚣不一定是当年繁殖的，可将它们分池饲养。如能鉴别出繁殖对象的性别，可按比例搭配，一般配比为3雌配1雄，然后把它们放在养殖池内养殖。

为什么要大小分组饲养呢？因为蜈蚣有时会发生大的吃小的，强的吃弱的，以及相互残食等现象。因此，放在同一池内饲养的蜈蚣，最好是同龄的种群。

2. 饲　养

野生蜈蚣是以昆虫为食的。在饲养条件下，除了供给它昆虫为食外，也可以用普通的小型脊椎动物的肉类进行喂养。据报道，最近有以养殖蚯蚓喂养蜈蚣的，但应把蚯蚓切断，用水漾出虫体消化道内的土质后，再喂食蜈蚣。也有培养蝇蛆作为饲料的，也应在喂食前漾出污物。使用混合蚕蛹粉和鱼粉等加工成颗粒状的人工饲料，也是一种可行的方法。除给蜈蚣正常供应食物外，饲养池内应设置饮水处。一般可用浅盘盛水，也可利用池内防逃的水沟兼作饮水设施。

蜈蚣不是每天都必需取食的，饱餐 1 次往往可 2～3 天不吃东西。因此，在人工饲养条件下，可每隔一、两天喂食 1 次，食物务求新鲜。喂食时间应在傍晚，翌日清晨即可清除残余的食物。供食地点应选择较平坦的地方，便于扫除残食；也有选用器皿供食的，这就更便于观察和清理。

分批饲养的蜈蚣，应把同样大小的个体饲养在一起，既便于饲养管理，了解个体数量变动，又便于收获商品蜈蚣。到翌年（经过两个冬季）的春季收获时，还可以随机选择供继续养殖的种虫。每当收获 1 次时，可将池内的人工栖息巢拆除，清扫它们长期积留的排遗物，有利于环境卫生。

3. 放养密度

蜈蚣的放养密度，即养殖池单位面积内应放养多少条蜈蚣最适宜，这个问题目前还很难提出一个可供参考的具体指标。这要根据养殖池立体空间的大小等情况而拟定。但是确定蜈蚣的合理放养密度时，应该注意以下几点：

（1）养殖池面积要适宜　养殖池面积和人工巢立体空间决不是越大越好，因为池的面积过大，修建困难，成本高，不便于管理；巢的立体空间过大，利用效率低，不经济。

（2）放养密度要合理　单位面积内放养的蜈蚣数量，决不是越多越好，因为养殖密度过大，它们之间可能为争夺栖息位置而互相干扰或残害，也容易造成环境污染和相互感染疾病。

（3）放养空间要有余地　放养时，应考虑到随着个体的长大，相对空间会越来越小，因此应留有余地。总之，要通过实践不断探索，以总结出合理的放养密度。

4. 越冬管理

野生蜈蚣在霜降（10 月 23 日或 24 日）后，由于气温下降，它们逐渐集中在向阳避风的栖息地，准备进入冬蛰。在人工养殖条件下，可参考蜈蚣的野外自然生态特征，从霜降开始注意观察养殖池内蜈蚣的动态。当气温下降到 12℃时，应注意养殖池的防寒问题，积极做好冬季管理工作。这在前面已有介绍，这里不再赘述。

越冬前，一般在 10 月中下旬，随着气温逐渐下降，蜈蚣也就逐步停止取食。因为养殖池的蜈蚣是密集饲养，所以重点要做好清洁卫生工作和保温工作，同时要保障充分的湿度。在翌年一二月份，应在箱外覆盖稻草以保温，不要使温度低于 0℃。在越冬期内，每十天半个月要开箱检查 1 次，及时更换瓦片，做好清洁卫生工作和保湿工作。在 3 月中下旬，可除去保温稻草。4 月上旬，要逐渐恢复投食，开始时少量试给，以后逐次增多。

5. 捕捉方法

（1）掌握捕捉的时机　清明至立夏，是捕捉药用蜈蚣的大好季节。清明节前，蜈蚣刚刚出蛰，很少在洞外活动，不易捕获。但立夏以后，多数雌体腹内卵粒成熟，如将其捕获后，难以烤干，容易生虫腐烂，所以在立夏后，即行停止收购。

捕捉蜈蚣，一般应根据蜈蚣夜间活动的习性，在夜间进行捕捉，这样做的收效很好。当天气闷热，要下暴雨前，或暴雨后，蜈蚣纷纷出来活动，正是捕捉蜈蚣的好机会。

（2）讲究捕捉方法　每年清明至立夏期间为捕捉蜈蚣的季节。那么，蜈蚣一般多活动在什么地方呢？在蜈蚣的主要产区，人们根据历年来捕捉的经验，特意编了如下一首顺口溜：

清明后把蜈蚣挖，向阳山坡乱石下；
田坎裂缝树兜里，蜈蚣常在里面趴；
荒山路边房基下，傍晚寻食出来爬；
石缝土包柴草堆，蜈蚣藏身最好抓。

在捕捉蜈蚣时，通常使用钉耙和二齿耙作为挖掘工具，以竹篓来贮存被捕捉的蜈蚣。这些工具灵巧方便。捕捉蜈蚣时最重要的是，要消除对它的恐惧心理。蜈蚣的头部两侧生长有1对毒颚，所以一些人很害怕它。但蜈蚣的毒液对人并无生命危险，如被螫后也易于治疗。只要掌握捕捉要领，捕捉时方法对头，也不至于被螫。抓蜈蚣时，要胆大心细，动作迅速敏捷。挖出蜈蚣后，立即用食指重按其头部，使其毒颚张开，又能合拢，然后用拇指和食指捏起头部，拿起来以后，另一只手将蜈蚣身体捋进手掌中。在扔进竹篓时，要注意将蜈蚣的头、尾同步脱手；如果扔不出手时，容易被蜈蚣螫着。在捕捉过程中，蜈蚣步足在手背上爬动时，感觉很不舒适，切不可因为对它的惧怕，就随意放手，而要勇敢地加以坚持，才能把扔放动作做得干净利落。

（3）初加工的方法　蜈蚣生长缓慢，要养殖3～4年才能成为商品。在体长达到商品规格时，在越冬前进行加工。其具体时间在11月份，气温低，空气干燥，有利于蜈蚣的加工。在加工前要准备好撑蜈蚣的细篾丝，蜈蚣可用水温60℃的热水泡,1～2 分钟即死,捞起沥去水分就可用篾丝将蜈蚣撑开,就是将篾丝一端削尖,刺入头部腹面,把蜈蚣拉长,把篾丝另一端也削尖刺入尾节腹面。撑好的蜈蚣放在炭火上低温烘干,即成商品,可销售给药材收购部门。

6. 被蜈蚣螫伤的简易疗法

蜈蚣的毒液,呈微酸性,pH 值在 6.5～7.0 之间,在人体被螫伤的部位上,会引起剧烈的疼痛,但无生命危险。据实践经验,可用以下几种简易方法治疗被蜈蚣螫伤处:(1)用盐肤木的汁液搽抹;(2)用黄草纸卷成卷,点燃后从纸卷的另一头将烟和灰吹于患处;(3)用氨水或“花露水”搽抹;(4)用鸡蛋清搽抹;(5)用雄鸡唾液搽抹;(6)用蜗牛、蛞蝓或蚯蚓身上的粘液搽抹;(7)用清凉油搽抹;(8)将香烟丝捣烂拌菜油搽抹;(9)用大蒜搽擦;(10)用桑汁拌白盐搽擦;(11)将新鲜活蜈蚣捣烂拌菜油搽抹患处。

(三)药用蜈蚣的人工繁殖

药用蜈蚣的人工养殖已经近 10 年,虽然发展较快,但药用蜈蚣的人工繁殖迄今尚未获得成功。1979 年 6～9 月份,作者在浙江省岱山县曾经做过人工巢繁殖药用少棘蜈蚣的试验,取得显著的效果。试验结果表明,给临产母体创造一个不受彼此干扰的产卵孵化的环境——人工产卵孵化巢,是提高产卵率的有效方法。

试验用的人工孵化巢,是用废弃的铁皮罐头筒除去底部做成的。当母体临产时,把该巢安插在已铺有 8 厘米左右厚土层的玻璃容器内,玻璃容器为 48 厘米×33 厘米×35 厘米。每个人工产卵孵化巢内只安排 1 条母体,在人工孵化巢外(玻璃容器内)多余空间的土层上覆盖破瓦片,并安排若干条临产母体任其自选产卵地点。观察母体在同时同地同条件下的巢内和巢外的产卵率和孵化成功率。

供实验的蜈蚣(♀)成体共318条,分成4组,每组分配情况如下:

A组:用玻璃容器13个,共放入人工孵化巢91个;每巢1条,共91条母体;孵化巢外散放母体39条。

B组:用玻璃容器7个,共放入人工孵化巢49个;每巢1条,共49条;孵化巢外散放母体63条。

C组:用玻璃容器3个,共放入人工孵化巢40个;每巢1条,共40条;巢外未放蜈蚣。

D组:用玻璃容器3个,共放入人工巢23个;每巢1条,共23条,巢外散放母体23条。

我们从表9-2可以看出,人工巢内的203个母体,有167条已产卵,产卵率为82.3%。而表9-3告诉我们,在人工孵化巢外、玻璃容器内的115个母体,仅有35条产卵,产卵率为30.4%。比较人工孵化巢内、外产卵率(巢内比巢外多51.9%),足以表明人工孵化巢的优越性。

母体产卵后,它们还要经过40多天的孵化和抚育的艰苦历程,因此产卵率并不能说明孵化抚育的结果。

表9-2 少棘蜈蚣(♀)在人工孵化巢内的产卵率和孵化成功率

组 别	实验个体(条)	产卵个体(条)	产卵率(%)	完成孵化个体(条)	孵化成功率(%)
A	91	75	82.4	54	72.0
B	49	39	79.6	29	74.4
C	40	35	87.5	21	60.0
D	23	18	78.3	13	72.2
总 计	203	167	82.3	117	70

表 9-2 表明，167 条产卵的个体只有 117 条完成孵化抚育的过程，即孵化成功率为 70%。表 9-3 也表明，35 条产卵个体有 29 条完成这个过程，孵化成功率为 82.9%。比较人工孵化巢内、外的孵化成功率，巢内的(70%)却小于巢外的。但是它们的差别并不大，巢内孵化成功率比巢外的仅少 12.9%。

虽然人工孵化巢内母体的孵化成功率低于巢外的孵化成功率(相差 12.9%)，但是由于巢内的产卵率比巢外的产卵率高得很多(相差 51.9%)，却可以弥补人工孵化巢孵化率较低的不利因素。

这种人工孵化巢装置简易，不仅成本低，制作简单，而且还具有下列优点：(1)可防止母体在产卵、孵化和抚育过程中相互干扰；(2)可以密集放置人工孵化巢，充分利用有限的养殖场地进行繁殖；(3)便于集中管理和分批放养。

表 9-2 和 9-3 表明，不论是人工孵化巢内还是巢外，都还有许多尚未产卵的母体，巢内的占 17.7%(36 条)，巢外的占 69.6%(80 条)。因此，人工孵化巢还有待在应用过程中加以改进，以进一步提高产卵率和孵化成功率。

表 9-3　少棘蜈蚣(♀)在人工孵化巢外(瓦片下面)的产卵率和孵化成功率

组　别	实验个体(条)	产卵个体(条)	产卵率(%)	完成孵化个体(条)	孵化成功率(%)
A	39	13	33.3	13	100
B	63	17	26.9	17	100
C	0	—	—	—	—
D	13	5	38.5	2	40
总　计	115	35	30.4	29	82.9

（四）需要继续研究解决的问题

人工养殖药用蜈蚣虽已较广泛地开展起来，并取得了不少宝贵的经验。但目前所提供的商品蜈蚣还很有限，这主要是由于蜈蚣的饲养繁殖还处于探索阶段。一旦养殖完全获得成功，并形成商品基地，那么，药用蜈蚣商品的产量就会大幅度上升。但应该看到，随着人工养殖日益广泛地开展，饲养量的不断扩大，养殖蜈蚣的食物供给将成为主要矛盾。因此，这是需要注意研究解决的问题。

在人工饲养试验中，除供给蜈蚣一些肉食外，还可供给一些植物性的食物。虽然它们在迫不得已的情况下也吃些植物性食物，但它们对植物蛋白、脂肪，以及大量的碳水化合物等的消化吸收情况如何，尚有待于研究。将一些植物性的食物填充肠道与能否消化吸收，有着本质的不同。如能发现蜈蚣的消化道内具有分泌出来的淀粉酶，就可以确定它们也能消化吸收植物性的食物。又如野生蜈蚣随着季节的更替，它们的肉食是多样性的，而在人工养殖条件下，其肉食的变化显然会受到限制。目前应该探求各种肉食与蜈蚣生长发育的关系，了解蜈蚣在不同发育阶段所必需的营养成分。其目的是为饲喂蜈蚣人工饲料的合理配制提供理论根据。

总之，蜈蚣饲养并不难，但工作要耐心细致，做好清洁保湿工作，按时投食给水，饵料新鲜，供应充足，以免自相残食。蜈蚣身体强健，病害不多，但在密集条件下也会由于饵料失当，环境污染而引起发病，导致大量死亡。这只能预防而不能治疗。所以做好日常管理工作，是经营的成败关键所在。

最后，蜈蚣养殖种源的问题。药用蜈蚣浙江各地都有分布。五六月份正值梅雨季节，蜈蚣多在地面活动，易于捕获，在山区麦收后挖山时常可看到，可随机捕取。在捕捉的蜈蚣中，选体长 12 厘米上下的蜈蚣在室内饲养到 6 月下旬，可分瓶饲养待其产卵。开始时有三四十条就足够了。如饲养得好，当年可获小蜈蚣 1 000 条左右。产卵后的母体，如妥善照护、喂养，尚可留到翌年再次产卵。翌年还可从野外捕捉的一些成体蜈蚣中进行补充，这样逐年扩大，经营 5 年就会建成一个初具规模的药用蜈蚣养殖场。这样投资虽然不多，但是以后逐年就会获得稳定的经济收益。如果急功近利、急于求成，那是办不成功的。

十、天敌预防与疾病防治

（一）天敌预防

蜈蚣虽然具有毒颚，还可以捕食其他陆生节肢动物，甚至可战胜小型的脊椎动物，但是蜈蚣也会受到其他动物的侵袭，或被即将被它致死的动物如石龙子等吃掉，侵袭蜈蚣的常见天敌有如下几种：

1. 寄生线虫

据报道，不论国内和国外都曾经发现蜈蚣体内有寄生线虫。某些昆虫（蜈蚣的捕食对象）也有同类的寄生虫，因此，蜈蚣体内的寄生虫，被认为是由于捕食这类昆虫所致。但是，迄今没有发现蜈蚣因寄生线虫而造成大量死亡的严重危害，只是某些个体体内有少数的线虫。

2. 蚂　蚁

幼小的蜈蚣或刚刚蜕皮的较大的个体，体表几丁质层薄弱，常遭受蚂蚁的攻击。攻击时，先是少数蚂蚁用它十分强大的上颚钳住蜈蚣的步足，随后蚂蚁群起而攻之，造成蜈蚣死亡。人工养殖池周围设置的水沟，可以预防外来蚂蚁的入侵；弥合池底也可以防止蚂蚁从养殖池下面入侵。如果在养殖池内发现有蚂蚁，可用含糖分的食物，如水果残核等，把它们引诱在一起，然后聚而歼之。还必须注意及时检查池内有无蚁穴潜存，因为蜈蚣抱卵时，卵团更是蚂蚁的可口食物。

3. 石龙子

石龙子是一种爬行动物，具有 4 只足和 1 条长尾巴。在野外，常有石龙子与蜈蚣遭遇搏斗的情况，并发现石龙子消化道内常有蜈蚣残骸。在人工养殖条件下，虽然尚未发现石龙子侵袭蜈蚣，但是上述情况说明，蜈蚣有可能被石龙子吞食的危害，应予注意防止。

4. 鸟　类

在野外，蜈蚣经常夜出觅食而漫游在空旷的开阔地时，有被夜间活动的鸟类，如猫头鹰等捕食。这已由猫头鹰巢内的粪便中残留的蜈蚣碎片所证实。也曾发现画眉、蓝翡翠等食虫鸟类捕食蜈蚣的情况。但是这些鸟类还不是侵害蜈蚣的大敌。在农村，1 群家鸡争食 1 条野生蜈蚣的情况也时有发生，这提示我们在家养蜈蚣时，应防止杂食性的家禽侵入养殖池。

5. 老　鼠

村舍周围常见的老鼠有两种，即大家鼠和小家鼠。它们是养殖蜈蚣尤应提防的有害动物。在蜈蚣正常活动的季节，老鼠侵入养殖池内常与蜈蚣发生“遭遇战”。这时，老鼠是难以制胜的。但在蜈蚣冬蛰期，老鼠侵入养殖池后，却会把冬眠的蜈蚣成群地吃掉，造成经济上的损失。

（二）疾病防治

1. 主要常见疾病

“黑斑病”是人工养殖蜈蚣中最常见的主要病害。尤其是在夏季，人工养殖池内很容易发生由霉菌所致的“黑斑病”，往往造成当年出生的幼小蜈蚣大批死亡，有时成年的大蜈蚣也会因被感染上这种霉菌病而致死。据我们多年调查，很少发现野生蜈蚣有这种疾病。因此可以认为，“黑斑病”是养殖条件下的一种严重病害。

“黑斑病”最初发生于蜈蚣的胸板（或称腹板）或两个体节

折叠的皮膜上。发病早期是有一些黑色或绿色的小斑点，后来斑点逐渐扩大，致使蜈蚣整体失去原有的光泽，求食欲降低，最后蜈蚣腹面变黑而死亡。

2. 预防和治疗

在修建养殖池时，不要放入牛粪等农家肥料和鸡毛、鸡骨头等。在雨水多的季节，要使养殖池通风，及时清除残留在池内的饲料。其预防的原则是，注意及时消除霉菌大量孳生物。

造成养殖池内霉菌大量孳生的重要因素是环境污染。而造成污染的因素之一，是养殖个体数量的高度密集，过度拥挤。因而，一方面要总结经验，掌握适当的放养密度；另一方面要注意养殖池内的环境卫生，加强管理。在阴雨季节，要经常注意观察，如发现有患“黑斑病”的个体，应立刻取出，并加以消灭。病情不严重的，可把蜈蚣放在较干燥的容器内进行隔离饲养，不用治疗即可自愈。对感染严重的，应立刻取出抛弃。这样做，可以避免它们相互感染，减少死亡。

除采取上述预防措施外，可以把治疗霉病的药物与食物拌合在一起，以饲喂患病的蜈蚣，可起到治疗的作用。

可供治疗“黑斑病”的药物有制菌素、两性霉素、放线菌酮和克念霉素等乳化剂。也可以在池内（巢外）试用紫外线灯光照射的方法加以预防或进行辅助治疗，以达到杀死致病霉菌，防病治病的目的。

后　记

本书由浙江省动物学会经济动物研究会理事、浙江省海宁市西山养殖场王利忠场长倡议，并写出初稿。之后，得到了中国科学院动物研究所有关专家的大力支持。他们提供了有关的文字资料和照片，其中的彩色照片，是用杭州大学毛节荣老师拍摄的彩色照片复制的。马书明高级工程师提供了全部的线条图。在此基础上，国家林业总局曹云先生对书稿重新进行了整理和加工，使本书得以完成。

对于药用蜈蚣的饲养和管理问题，浙江省海宁市西山养殖场仍在继续深入研究。该场为蜈蚣、蛇、蝎等药用动物的养殖基地，是个可以提供咨询服务的单位。

联系地址：浙江省海宁市西山公园动物园内

电话：(0573)7042748　(0)13906737057(手机号码)

场长：王利忠　　邮编：314400

因特网址：Plant. 363. net

E-mail：wlz@mail. jxptt. zj. cn.